藜麦病虫草害诊治原色图鉴

◎赵晓军 殷 辉 邢 鲲 等 编著

中国农业科学技术出版社

图书在版编目（CIP）数据

藜麦病虫草害诊治原色图鉴 / 赵晓军，殷辉，邢鲲编著 . -- 北京：
中国农业科学技术出版社，2024.5
ISBN 978-7-5116-6573-7

Ⅰ. ①藜… Ⅱ. ①赵… ②殷… ③邢… Ⅲ. ①麦类作物—病虫害
防治 图解②麦类作物—除草—图解 Ⅳ. ① S435.12-64 ② S451.22-64

中国国家版本馆 CIP 数据核字 (2023) 第 236378 号

责任编辑 王惟萍
责任校对 王 彦
责任印制 姜义伟 王思文

出 版 者 中国农业科学技术出版社
 北京市中关村南大街 12 号 邮编：100081
电 话 （010）82106643（编辑室） （010）82106624（发行部）
 （010）82109709（读者服务部）
网 址 https://castp.caas.cn
经 销 者 各地新华书店
印 刷 者 北京科信印刷有限公司
开 本 185 mm × 260 mm 1/16
印 张 10.25
字 数 223 千字
版 次 2024 年 5 月第 1 版 2024 年 5 月第 1 次印刷
定 价 128.00 元

《藜麦病虫草害诊治原色图鉴》
编　委　会

主　编：赵晓军　　殷　辉　　邢　鲲

副主编：任　璐　　秦　楠　　赵　飞　　吕　红

编写人员（按姓氏笔画排序）：

<table>
<tr><td>王天禧</td><td>田　淼</td><td>邢　鲲</td><td>巩亮军</td></tr>
<tr><td>吕　红</td><td>任　璐</td><td>贠和平</td><td>李　莉</td></tr>
<tr><td>李新凤</td><td>杨振永</td><td>张文静</td><td>张东霞</td></tr>
<tr><td>张武云</td><td>赵　飞</td><td>赵　雨</td><td>赵晓军</td></tr>
<tr><td>秦　楠</td><td>殷　辉</td><td>彭玉飞</td><td></td></tr>
</table>

前 言 | PREFACE

藜麦（*Chenopodium quinoa*），苋科藜亚科藜属，双子叶，一年生草本，异源4倍体。藜麦素有"营养黄金"的美誉，是联合国粮食及农业组织推荐的全营养食品，因其具有抗旱、抗寒、耐盐、生育期可塑性强等特性，近年来种植藜麦的热潮风靡全球。我国藜麦种植面积25万~30万亩，约占全球总面积的1/10，主要分布在中西部生态脆弱地区（山西西北部、河北张家口、内蒙古乌兰察布、河西走廊、柴达木盆地、云贵高原、四川盆地等）。藜麦作为重要的区域性特色农作物，对保障我国粮食安全有重要意义，然而，生产中藜麦病虫草害逐年加重，成为限制藜麦安全、优质生产的重要因素。我国藜麦种植区地域复杂，病虫草害种类繁多，随着气候、耕作制度、栽培方式等变化，病虫草害的发生面积和危害程度呈上升趋势。

藜麦属于杂粮作物，生产中存在病虫草害识别不准、防治无依据、无药可用等技术瓶颈，无法保证防治效果。为有效地推广和普及藜麦病虫草害的知识及其防控技术，山西农业大学植物保护学院藜麦病虫害研究团队在多年研究基础上，结合生产中的实际需求，编著了《藜麦病虫草害诊治原色图鉴》。本书共包括29章，收集了12种病害、18种虫害、17种草害，共计47种病虫草害，包含约220幅原色图片。书中对藜麦重要病虫害发生的各个阶段症状特征进行了描述，介绍了病原、害虫、发生规律及防治方法，并配有病虫草害原色图谱，图片清晰典型、图文并茂、通俗易懂、准确实用。本书在编写过程中，得到了中国农业科学院、中国农业大学、内蒙古农业大学、河北省农林科学院、西藏农牧学院、青海省农林科学院、内蒙古自治区农牧业科学院、甘肃省农业科学院等院校专家的帮助。在此谨致衷心感谢。

不同藜麦种植区域病虫草害发生差异较大，防治技术要因地制宜，书中内容仅供参考。建议读者在本书内容基础上，结合实际情况和病虫草害防治试验后再应用。由于农药是一种特殊商品，其技术性和区域性较强，使用农药时，应选择登记药剂或各省临时用药品种名录，遵循相关国家标准、行业标准、地方标准等的要求。由于作者水平有限，书中不当之处在所难免，恳请各位专家和读者批评指正。

编 者

2023年11月于太原

目 录 |CONTENTS

第一篇 藜麦病害

第一章 藜麦霜霉病

一、分布与为害

霜霉病属于卵菌病害，是藜麦生产中为害较重的病害。霜霉病是世界性病害，在安第斯山脉的大部分地区、欧洲、印度的中东部地区亚热带气候区、韩国等藜麦种植区普遍发生，湿润的气候有利于该病的蔓延。霜霉病主要为害叶片，新老叶均可发病，造成叶片枯黄、脱落以及籽粒空秕；可导致藜麦减产 33% ~ 99%。霜霉病在我国各个藜麦种植区普遍发生严重，山西藜麦种植区发病率约 45%，甘肃藜麦种植区发病率普遍在 40% 左右，严重时高达 95%。综合形态学特征和分子鉴定，确定藜麦霜霉病的病原为多变霜霉 *Peronospora variabilis*。*P. variabilis* 除侵染藜麦外，还可侵染藜属杂草。藜属杂草（藜、菱叶藜等）广泛分布在大部分藜麦种植区，遍布于山坡、农田、路旁，丰富的藜属杂草及藜麦为 *P. variabilis* 的寄生提供了优越的条件。

从形态学和分子水平上比较不同地理起源的多变霜霉，发现来自安第斯山脉和丹麦藜麦种植区的多变霜霉种群分成 2 个不同的群体。其中，源自安第斯山脉藜麦种植区的多变霜霉与该地区的多变霜霉聚为一个分支，而安第斯山脉的多变霜霉和丹麦藜麦种植区的多变霜霉与欧洲（德国、荷兰、爱尔兰等）、亚洲（中国、韩国）多变霜霉聚为不同的分支。山西藜麦种植区的多变霜霉与来自韩国和中国的多变霜霉、厄瓜多尔多变霜霉亲缘关系最近。

二、症状

藜麦霜霉病发病初期叶正面病斑形状不规则，淡黄色，病健交界清晰，直径 1.5 ~ 6.0 mm（图 1-1），叶背面偶尔有稀疏的淡粉色或淡灰色霉层（图 1-2）。发病中期叶正面病斑呈粉红色，直径 13.0 ~ 22.0 mm（图 1-3），叶背面病斑呈淡黄色，有明显粉红色霉层（图 1-4）。发病后期病斑连片，整个叶片呈黄色，极易从叶柄处脱落（图 1-5），叶背面有灰黑色霉层。病斑不受叶脉限制，有的从叶缘出现扩展斑，有的从叶中央出现扩展斑（图 1-5）。通常植株近地面叶片先发病且发病较重（图 1-5）。

由 *P. variabilis* 引起的藜麦霜霉病典型症状为叶片有明显粉红色霉层，后期叶片枯黄脱落、籽粒空秕。已有研究发现藜麦霜霉病在不同品种上的症状表现略有差异，如在安第斯山脉、美国、韩国等藜麦种植区的藜麦霜霉病表现除典型粉红色霉层症状外，在部分品种上表现为黄色病斑。

图 1-1　藜麦霜霉病叶片正面初期症状

图 1-2　藜麦霜霉病叶片背面初期症状

图 1-3　藜麦霜霉病叶片正面中期症状

图 1-4　藜麦霜霉病叶片背面中期症状

图 1-5　藜麦霜霉病田间症状

三、病原

病原菌学名为多变霜霉（*Peronospora variabilis*），属假菌界（Chromista）卵菌门（Oomycota）霜霉纲（Peronosporea）霜霉目（Peronosporales）霜霉科（Peronosporaceae）霜霉属（*Peronospora* Corda）。多变霜霉菌的孢囊梗从气孔伸出，单生或 2 ～ 7 枝束生，呈树枝状，高为 242.37 ～ 570.19 μm（图 1-6）；孢囊梗二叉分枝，分枝 4 ～ 5 次，第 1 分枝下部的主枝大小（132.01 ～ 176.99）μm×（10.89 ～ 11.07）μm（图 1-6）；末端小枝呈直角或锐角分枝，顶端尖细、弯曲，长度 9.93 ～ 30.89 μm，末端小枝基部宽度 2.89 ～ 3.34 μm（图 1-7）。

孢子囊着生在孢囊梗上（图 1-6），卵圆形或椭圆形，少数近球形，单孢，淡褐色，表面光滑，大小（25.38 ～ 36.73）μm×（21.56 ～ 24.71）μm（图 1-7）。成熟脱落的孢子囊基部有 1 个无色、铲状的孢囊梗残留物，残留梗大小（1.59 ～ 1.67）μm×（0.79 ～ 1.12）μm（图 1-7）。形态学研究表明藜麦霜霉病的病原菌为 *P. variabilis*。

图 1-6

图 1-7

图 1-6　多变霜霉的孢囊梗

图 1-7　多变霜霉的孢囊梗分枝和孢子囊

　　获得多变霜霉（菌株 SXJLP2 和 SXJLP5）的 rDNA-ITS 序列长度为 792 bp，GenBank 登录号为 MF511726 和 MF511727。系统发育发育显示，多变霜霉（菌株 SXJLP2 和 SXJLP5）与寄主为藜麦（KF269582、KF269572、KF887493、EU113303、KF269610、EU113305）、寄主为藜（AF528557、AF528556、EF614959、FM863720）等 11 株 *P. variabilis* 以 100% 自展支持率聚在同一个分支，与它们亲缘关系最近（图 1-8）。综合形态学和分子鉴定，确定藜麦霜霉病的病原菌为 *P. variabilis*。

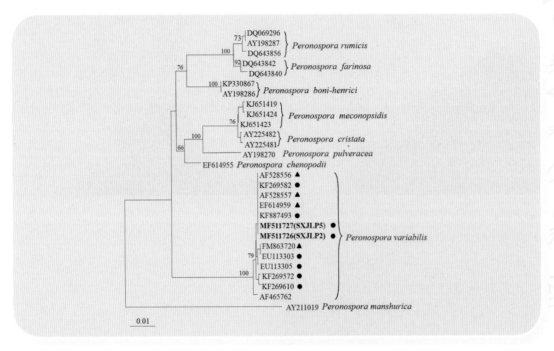

图 1-8　多变霜霉的系统发育树

四、发生规律

　　多变霜霉以卵孢子、孢子囊等在土壤、病残体或种子等处越冬，翌年春天成为初侵染源。生长季由孢子囊释放出孢囊孢子进行再侵染。有设施栽培的地区可周年侵染，主要靠气流、雨水传播。山西藜麦种植区通常在 6 月初始见病斑，为发病初期；7 月下旬至 8 月进入发病高峰期；9 月随着气温降低，藜麦霜霉病流行逐步减缓（图 1-9）。

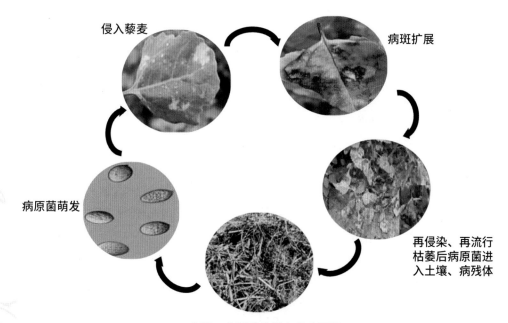

图 1-9 藜麦霜霉病的病害循环

五、防治方法

农业防治：种植抗病耐病品种，科学规范种植密度。清除病残体，清洁田园，压低初侵染源的病菌量。宜选择与燕麦、玉米、谷子、马铃薯、油菜等轮作倒茬。轮作时应掌握上茬作物除草剂的使用情况，避免选择上茬使用过的除草剂对藜麦生长有影响的地块。生长季科学施肥、合理浇水，保持通风透湿，避免叶面结露。

化学防治：有条件的可选用种衣剂（35% 甲霜灵可湿性粉剂）进行种子包衣，种子包衣剂应选择登记药剂或各省（区、市）临时用药品种名录。藜麦霜霉病发生时使用农药防治是必不可少的手段，优先选择登记药剂或各省（区、市）临时用药品种名录。发病初期选用 50% 烯酰吗啉可湿性粉剂、69% 烯酰·锰锌可湿性粉剂、58% 甲霜·锰锌可湿性粉剂、64% 噁霜·锰锌可湿性粉剂、687.5 g/L 氟菌·霜霉威悬浮剂、72% 霜脲·锰锌可湿性粉剂等，每 7 ~ 10 d 施药 1 次，连续用 2 ~ 3 次。注意药剂的交替使用，避免病原菌产生抗药性。

第二章　藜属植物笄霉软腐病

一、分布与为害

　　藜属植物笄霉软腐病主要在河北、北京、山西、海南、重庆等地发生，属于近几年发生的新病害。该病害发生在藜麦、台湾藜（*Chenopodium formosanum*）等开花期，可为害藜属植物的穗、茎、叶。藜属植物笄霉软腐病的发病特点为传播速度快，易暴发，经济损失大。2022 年山西藜麦种植区发病率 65% 左右，损失率 80% 以上。藜属植物笄霉软腐病是由瓜笄霉（*Choanephora cucurbitarum*）引起。*C. cucurbitarum* 在侵染藜麦时，首先侵染藜麦的穗茎，随着病害的发展扩展到藜麦中下部主茎、侧枝及叶片。藜属植物笄霉软腐病属于高温高湿病害（25 ~ 30 ℃、RH 70% ~ 90%），条件适宜时 1 ~ 3 d 可造成大面积发病。

　　瓜笄霉隶属毛霉门（Mucoromycota）毛霉纲（Mucoromycetes）毛霉目（Mucorales）笄霉科（Choanephoraceae）笄霉属（*Choanephora* spp.）真菌。瓜笄霉寄主范围广泛现在已报道的寄主约有 25 种，通常导致花、果实、茎、叶等腐烂。目前，笄霉属包括 2 个公认的种 *C. cucurbitarum* 和 *C. infundibulifera*。瓜笄霉包括孢囊孢子和小型孢子囊孢子 2 种，在侵染藜属植物中都发挥了重要作用。

二、症状

　　瓜笄霉可侵染藜麦的穗颈、茎秆和叶（图 2-1）。症状为褪绿的水浸状软腐斑。瓜笄霉首先侵染藜麦穗颈部位，后逐渐向茎和叶扩展（图 2-2）。藜麦穗颈部发病初期病斑呈苍白色到棕褐色，病健交界清晰；发病中期病斑呈棕色至黑色，水渍状，整个穗颈迅速软腐；发病后期穗颈部形成大量小型孢子囊，导致穗枯萎（图 2-3）。穗部形成的小型孢子囊脱落后，通常在藜麦主茎的中下分枝处开始侵染，症状呈棕色至黑色水浸状软腐（图 2-2）。叶部症状开始表现为叶柄枯萎、腐烂，后扩展至叶片。发病初期叶基部呈水渍状、深绿色、软腐，后逐渐产生小型孢子囊，导致叶的枯萎（图 2-4）。

图 2-1 藜属植物笄霉软腐病田间症状（藜麦）

图 2-2 藜属植物笄霉软腐病穗茎部症状（藜麦）

图 2-3 藜属植物笄霉软腐病茎部症状（藜麦）

图 2-4 藜属植物笄霉软腐病叶部症状（藜麦）

　　瓜笄霉还可侵染台湾藜、藜等，主要侵染台湾藜的穗部和茎部，通常不会侵染叶片。台湾藜茎部发病时，症状呈苍白色至灰白色，坏死斑，病变表面附着大量小型孢子囊（图2-5和图2-6）。相比之下，藜发病时，茎部症状为苍白至褐色的坏死，通常易导致倒伏、折断（图2-7和图2-8）。

图2-5　藜属植物笄霉软腐病穗茎部症状（台湾藜）　图2-6　藜属植物笄霉软腐病茎部症状（台湾藜）

图2-7　藜属植物笄霉软腐病茎部症状（藜）　图2-8　藜属植物笄霉软腐病茎部后期症状（藜）

三、病原

病原菌学名为瓜笄霉（*Choanephora cucurbitarum*），属真菌界（Fungi）毛霉门（Mucoromycota）毛霉纲（Mucoromycetes）毛霉目（Mucorales）笄霉科（Choanephoraceae）笄霉属（*Choanephora* Curr.）。瓜笄霉在 PDA 培养基上生长 1 d，直径 74～76 mm，2 d 后，菌落呈白色，棉絮状，背面淡黄色（图 2-9）。在病斑表面可观察到大量小型孢子囊孢子（图 2-10），孢囊梗呈透明、无隔膜、略微弯曲，大小（362.4～2 138.1）μm×（8.4～31.7）μm，平均 1 384.3 μm×20.4 μm（图 2-10）。孢囊梗顶端膨大形成初级囊泡，初级囊泡可形成次级囊泡（图 2-11）。小型孢子囊孢子着生于次级囊泡，易脱落，脱落后呈网状（图 2-12）。成熟时的小型孢子囊孢子呈桑葚状聚生在孢囊梗顶端（图 2-13）。小型孢子囊孢子褐色至深褐色、椭圆形至宽椭圆形、具纵向粗条纹，大小（12.2～19.4）μm×（7.5～12.2）μm，平均 15.0 μm×9.7 μm（图 2-14）。

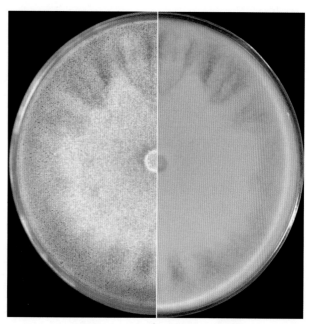

图 2-9　瓜笄霉的菌落形态

图 2-10　瓜笄霉小型孢子囊的孢囊梗（病斑表面）

图 2-11　瓜笄霉小型孢子囊的孢囊梗和初级
　　　　囊泡

图 2-12　瓜笄霉小型孢子囊的孢囊梗和次级
　　　　囊泡

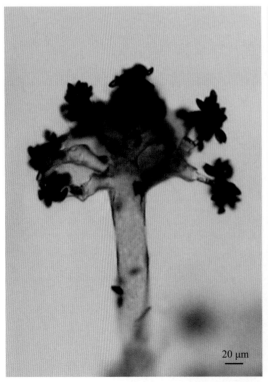

图 2-13　瓜笄霉的小型孢子囊、孢囊梗和小型孢子囊孢子

图 2-14　瓜笄霉的小型孢子囊孢子

　　瓜笄霉在 OA 培养基上可产生孢囊孢子（图 2-15）。孢囊梗呈透明、无隔膜、不分枝，大小为（68.8 ～ 828.8）μm×（7.3 ～ 28.4）μm，平均 351.1 μm×14.8 μm（图 2-15）。大型孢子囊呈叩头状着生于孢囊梗，初期淡黄色至黄色，成熟时棕色至深黑色，球形至亚球形（图 2-16），易开裂，直径 41.8 ～ 167.4 μm（平均 98.6 μm）（图 2-17）。孢囊孢子从开裂的大型孢子囊中散出，棕色，梭形至椭圆形，大小（13.2 ～ 23.9）μm×（6.7 ～ 12.8）μm，平均 19.2 μm×9.5 μm（图 2-18），孢囊孢子的两极具 10 个以上附丝。

　　笄霉软腐病菌（菌株 LMJM-2、LMJM-3、LMJM-5、LMJM-7 和 LMJM-9）的 LSU 和 ITS 序列长度分别为 667 bp 和 534 bp。以三孢布拉霉 *Blakeslea trispora*（CBS 564.91T）为外群，构建系统发育树。结果表明，笄霉软腐病菌（菌株 LMJM-2、LMJM-3、LMJM-5、LMJM-7 和 LMJM-9）与 16 株 *C. cucurbitarum*（菌株 KUS-F27538、KUS-F27657、KUS-F27485、KUS-F28066、CBS 674.93、KUS-F27540、KUS-F28029、KUS-F29113、JSAFC2347、KA47639、KA47637、QJFY1、JSAFC2346、JSAFC2348、CBS 178.76T 和 JPC1）以 98% 的自展支持率聚为一个分支，表明代表性菌株与 *C. cucurbitarum* 亲缘关系最密切（图 2-19）。综合形态学特征、致病性测定及分子生物学分析结果，确定引起藜属植物笄霉软腐病的病原为瓜笄霉。

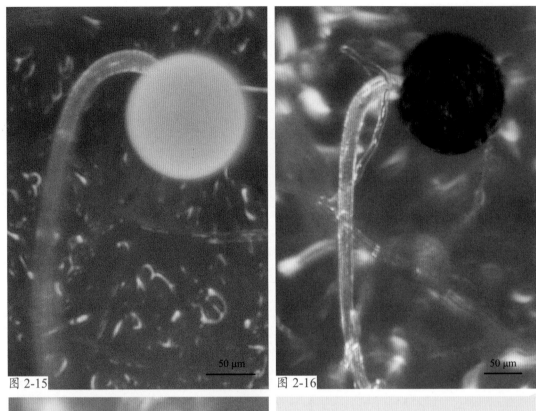

图 2-15

50 μm

图 2-16

50 μm

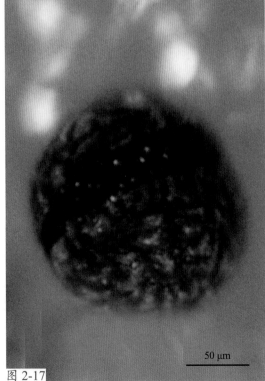

图 2-17

50 μm

图 2-15　瓜笄霉大型孢子囊的孢囊梗
　　　　（OA 培养基上）

图 2-16　瓜笄霉成熟的大型孢子囊

图 2-17　瓜笄霉成熟后开裂的大型
　　　　孢子囊

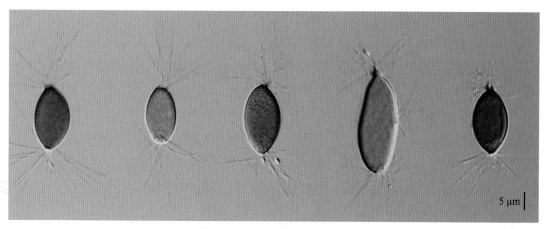

5 μm

图 2-18　瓜笄霉的孢囊孢子

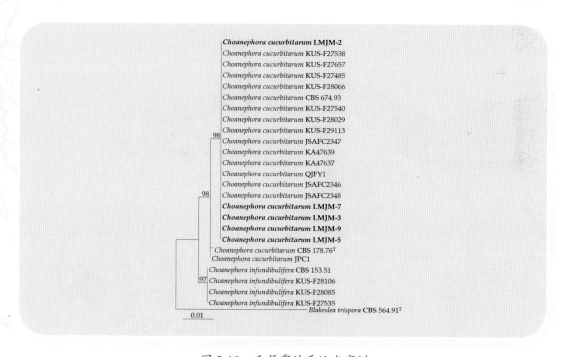

图 2-19　瓜笄霉的系统发育树

四、发生规律

病菌多是以菌丝、小型孢子囊孢子、大型孢子囊等形式在病残体、土壤等处越冬，翌年温湿度合适时开始初侵染。植物生长季借风吹、雨打、昆虫、农事操作、灌溉等进行再侵染。田间荫蔽、通风透光效果差、水汽滞留、排水不良、连作是加重病害主要原因。温度对瓜笄霉的小型孢子囊孢子和孢囊孢子有显著影响。最适宜小型孢子囊孢子和孢囊孢子萌发的温度为 30 ℃。在 30 ℃条件下，接种后 2 h 小型孢子囊孢子和孢囊孢子的萌发率为 77.43% ~ 77.67%，芽管长度为 11.77 ~ 8.95 μm。接种后 4 h，大型孢子囊孢子和孢囊孢子的萌发率为 91.53% ~ 97.67%。20 ~ 30 ℃条件下，瓜笄霉可侵染藜属植物，如藜麦、藜、台湾藜等。最适宜于瓜笄霉侵染藜属植物的温度为 30 ℃，病斑长度 1.22 ~ 8.93 cm。温度低于 15 ℃不利于瓜笄霉侵染，不产生病斑。30 ℃接种瓜笄霉 1 d，病斑长度为 0.21 ~ 3.62 cm。10 ~ 15 ℃瓜笄霉不侵染藜属植物。田间相对湿度在 70% ~ 90% 时，有利于瓜笄霉孢子的形成、萌发和入侵，也有利于病害的发展，可促进瓜笄霉对藜属植物的侵染（图 2-20）。

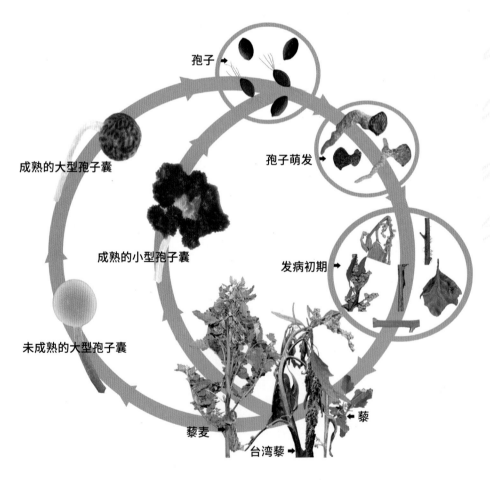

图 2-20　藜属植物笄霉软腐病的病害循环

五、防治方法

农业防治：精细整地、保证降雨时能正常排水，有条件宜选用滴灌等精细灌溉模式。合理规划种植密度，加强湿度管理。及时铲除病株，以防病菌再传播扩散。生长季施磷、钾、钙、镁等微量元素叶面肥，提高抗病害的能力。

化学防治：笄霉软腐病发生时使用农药防治是必不可少的手段，优先选择登记药剂或各省（区、市）临时用药品种名录。发病初期选用 430 g/L 戊唑醇悬浮剂、58% 甲霜·锰锌可湿性粉剂、69% 烯酰·锰锌可湿性粉剂、60% 锰锌·氟吗啉可湿性粉剂、687.5 g/L 氟菌·霜霉威悬浮剂等，每 5 ~ 7 d 施药 1 次，连续用 2 ~ 3 次。注意药剂的交替使用，避免病原菌产生抗药性。

第三章 藜麦穗腐病

一、分布与为害

藜麦穗腐病是 2020 年在山西省静乐县、宁武县、神池县、五台县、原平市、繁峙县等藜麦种植区发现的一种穗部病害。穗腐病发生于藜麦灌浆期，穗部表面附着淡粉色、灰白色、深棕色霉层。穗腐病致使藜麦籽粒变色、干瘪和畸形，严重时发病率约 40%，减产约 55%。

藜麦穗腐病和其他谷类穗部病害有相似性，如已被报道的裸燕麦穗腐病、水稻穗腐病和小麦冠腐病，而穗腐病的病原复杂多样。例如，水稻穗腐病的病原菌主要有 *Alternaria tenuis*、*Bipolaris australisis*、*Curvularia lunata*、*Fusarium incarnatum*、*Fusarium proliferatum*。2022 年，通过形态学、分子鉴定和致病性等研究确定藜麦穗腐病的病原共分为 3 种，分别为粉红单端孢（*Trichothecium roseum*）、链格孢（*Alternaria alternata*）、柑橘镰孢（*Fusarium citri*）。粉红单端孢、链格孢、柑橘镰孢属于毒素真菌，可能导致藜麦籽粒中含有毒素的风险，有必要加强对这一类病害毒素的检测。3 种病原相比而言，*A. alternata* 适宜在凉爽、干旱的环境生长，*T. roseum* 和 *F. citri* 适宜在温暖、潮湿的环境生长。藜麦灌浆期，接种 3 种病原菌发现 *T. roseum*、*A. alternata* 和 *F. citri* 均可侵染藜麦穗部。在穗部水活度 ≥ 0.98，15 ~ 25 ℃，RH 为（65 ± 2）% 时，藜麦穗腐病发生严重。

二、症状

穗腐病通常从穗的顶部或侧面开始发生，发病初期，发病籽粒呈淡粉色和黄色，后逐渐扩展至整个穗部（图 3-1），变成粉红色、灰色和深棕色，籽粒上覆盖霉层。发病严重时发病率为 55% ~ 85%，患病籽粒表现为变色、干瘪、畸形（图 3-2 至图 3-4）。穗腐病根据患病粒的颜色可将其分为 3 组，第 1 组病粒呈淡粉色至粉红色（图 3-5）；第 2 组病粒呈黄色至黑色或棕色（图 3-6）；第 3 组病粒呈淡灰色（图 3-7）；其中第 3 组是山西省穗腐病的主要病类型（约占 60%）。

图 3-1　藜麦穗腐病穗部症状

图 3-2　藜麦穗腐病穗部症状——变色

图 3-3　藜麦穗腐病穗部症状——畸形

图 3-4　藜麦穗腐病穗部症状——干瘪

图 3-5　藜麦穗腐病穗部籽粒症状
　　　　（淡粉色至粉红色）

图 3-6　藜麦穗腐病穗部籽粒症状
　　　　（黄色至黑色或棕色）

图 3-7　藜麦穗腐病穗部籽粒症状
　　　　（淡灰色）

三、病原

　　病原菌有 3 种，分别是粉红单端孢、链格孢、柑橘镰孢。粉红单端孢属真菌界（Fungi）子囊菌门（Ascomycota）粪壳菌纲（Sordariomycetes）肉座菌目（Hypocreales）未定科（Incertae sedis）单端孢属（*Trichothecium* Link）。链格孢属真菌界（Fungi）子囊菌门（Ascomycota）座囊菌纲（Dothideomycetes）格孢腔菌目（Pleosporales）格孢腔菌科（Pleosporaceae）链格孢属（*Alternaria* Nees）。柑橘镰孢属真菌界（Fungi）子囊菌门（Ascomycota）肉座菌目（Hypocreales）丛赤壳科（Nectriaceae）镰孢属（*Fusarium* Link）。粉红单端孢在 OA 培养基上呈粉红色，有明显的同心圆，背面呈橙黄色，中央呈淡玫瑰色，颗粒状，边缘白色。在 SNA、PDA、MEA 和 CYA 培养基上呈粉状，孢子大量萌发，背面由淡黄色变为橙黄色。在 CLA 培养基上呈白色，无孢子产生（图 3-8）。

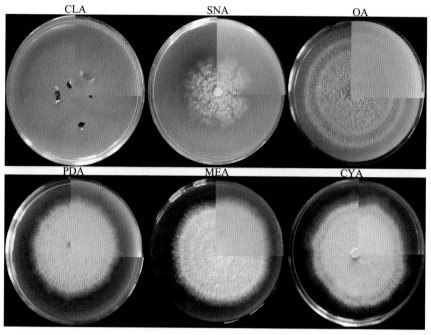

图 3-8　粉红单端孢的菌落形态

链格孢的菌落呈絮状物，棕绿色，边缘白色，有同心圆。在 OA 和 MEA 上呈棉状，背面为黄褐色至棕色；在 SNA、PDA、CYA 上呈棉状黄褐色，有轻微的同心圆，背面呈淡黄色；在 CLA 培养基上呈黑棕色，气生菌丝稀疏（图 3-9）。

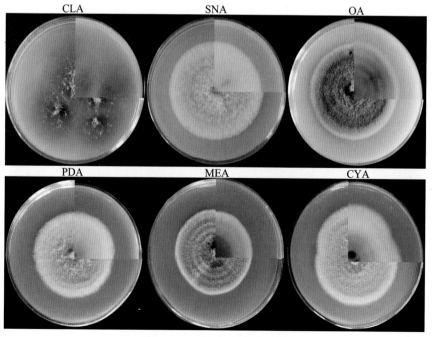

图 3-9　链格孢的菌落形态

　　柑橘镰孢在 PDA 培养基上菌落扁平，灰黄色，气生菌丝丰富，边缘完整，背面呈黄褐色。在 SNA、OA、MEA 和 CYA 培养基上呈灰白色至白色，气生菌丝略密，边缘完整，略凸起，背面为灰黄色至淡黄色。在 CLA 培养基上呈白色，气生菌丝稀疏（图 3-10）。

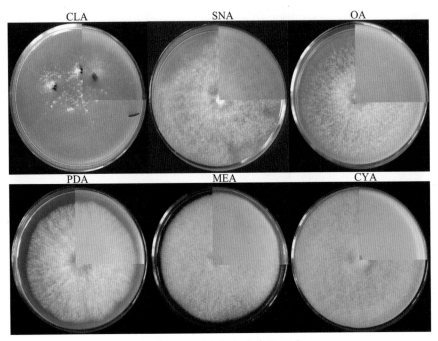

图 3-10　柑橘镰孢的菌落形态

　　粉红单端孢的分生孢子梗细长，有隔膜，不分枝，大小（121.1 ~ 245.1）μm×（3.4 ~ 5.4）μm，平均 194.1 μm×4.3 μm。分生孢子单个无色，整体呈浅粉色，椭圆形或卵圆形，有 1 个隔膜，末端平截，大小（12.9 ~ 22.5）μm×（6.6 ~ 10.3）μm，平均 16.9 μm×8.4 μm（图 3-11）。

　　链格孢的分生孢子梗直或弯，有隔，黄褐色，分枝或不分枝，顶端直生，一个或多个顶端分生位点，大小（16.1 ~ 103.7）μm×（3.3 ~ 6.3）μm，平均 47 μm×4.4 μm。分生孢子为倒棍棒状，长椭球形，深绿色到深棕色，在隔膜附近略微收缩，有 3 ~ 5 个横隔，0 ~ 1 个纵隔膜，大小（11.3 ~ 44.1）μm×（5.2 ~ 11.9）μm，平均 26.6 μm×7.7 μm（图 3-12 和图 3-13）。

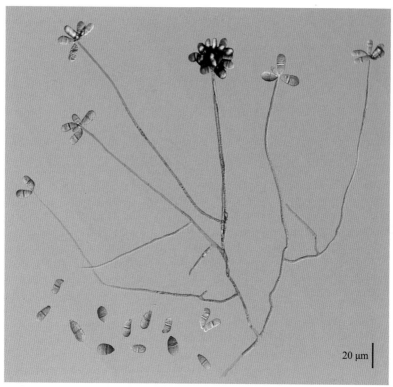

图 3-11 粉红单端孢的显微形态

图 3-12 链格孢的分生孢子梗

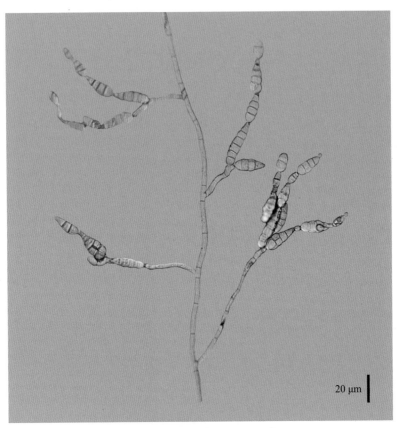

20 μm

图 3-13　链格孢的显微形态

柑橘镰孢在 CLA 培养基上产生橙色的分生孢子座（图 3-14）。分生孢子梗顶端分枝（图 3-15），单瓶梗顶端轮生。单瓶梗呈圆柱形、光滑、薄壁、透明，大小（7.3 ～ 13.8）μm×（2.1 ～ 3.2）μm，平均 9.3 μm×2.7 μm。多瓶梗透明，有 2 个产孢位点（图 3- 16），大小（11.2 ～ 27.6）μm×（2.2 ～ 4.1）μm，平均 18.7 μm× 3.4 μm。大分生孢子镰刀状，直立或稍弯曲，透明，顶端细胞钩状，3 ～ 5 个隔（图 3-17），大小（25.1 ～ 50.5）μm×（3.9 ～ 5.7）μm，平均 45.6 μm×4.7 μm。小分生孢子呈椭圆形，透明，1 个隔膜（图 3-18），大小（4.8 ～ 10.6）μm×（2.1 ～ 4.5）μm，平均 7.3 μm× 4.5 μm。

0.10 mm

图 3-14　柑橘镰孢的分生孢子座

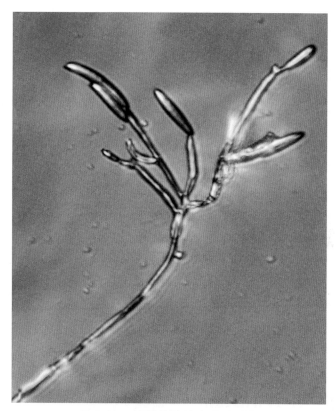

图 3-15　柑橘镰孢的分生孢子梗

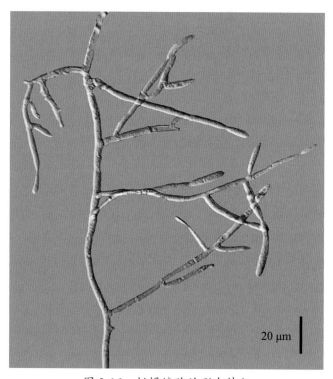

20 μm

图 3-16　柑橘镰孢的形态特征

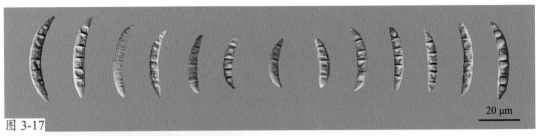

图 3-17

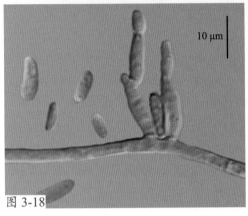

图 3-18

10 μm

20 μm

图 3-17　柑橘镰孢的大型分生孢子

图 3-18　柑橘镰孢的小型分生孢子

藜麦穗腐病菌菌株 LMSF-fh03、LMSF-fh05 的 ITS 序列中约 588 个碱基。以弯曲枝顶 Acremonium curvulum（CBS 430.66）为外类群构建系统发育树，藜麦穗腐病菌菌株 LMSF-fh03、LMSF-fh05 与 4 株 T. roseum（CBS 567.50、CBS 566.50、CBS 113334、DAOM 208997）以 100% 的自展支持率聚于一个分支，与粉红单端孢的亲缘关系最近（图 3-19）。

藜麦穗腐病菌菌株 LMSF-hs01、LMSF-hs02、LMSF-hs05、LMSF-hs06、LMSF-hs07 等的 Alt a 1、endoPG、gapdh、ITS、OPA10-2、rpb2、tef1 的基因序列长度分别为 411 bp、403 bp、567 bp、547 bp、591 bp、1 076 bp、236 bp。基 于 Alt a 1、endoPG、gapdh、ITS、OPA10-2、rpb2、tef1 等基因序列，以番茄链格孢 Alternaria tomato（CBS 103.30）为外类群构建系统发育树。藜麦穗腐病菌菌株 LMSF-hs01、LMSF-hs02、LMSF-hs02、LMSF-hs05、LMSF-hs06、LMSF-hs07 和 CBS 102598、CBS 118812、CBS 118814 以 100% 的自展支持率聚为一个分支，与链格孢的亲缘关系最近（图 3-19）。

藜麦穗腐病菌菌株 LMSF-ld01、LMSF-ld02、LMSF-ld03、LMSF-ld05、LMSF-ld06 的 cmdA、rpb2、tef1 基因序列长度分别为 525 bp、830 bp 和 321 bp。基于 cmdA、rpb2、tef1 基因序列，以弯角镰孢 Fusarium camptocera（CBS 193.65）为外类群构建系统发育树。藜麦穗腐病菌菌株 LMSF-ld01、LMSF-ld02、LMSF-ld03、LMSF-ld05、LMSF-ld06 与 CBS 621.87、CBS 678.77、CBS 130905、CPC 35143、LC 4879、LC 6896、LC 7922、LC 7937 以 100% 的自展支持率聚集在同一分支中，与柑橘镰孢的亲缘关系最近（图 3-19）。通过病原菌形态学、系统发育、致病性等确定引起藜麦穗腐病的病原有 3 种真菌，分别为粉红单端孢菌、链格孢、柑橘镰孢（图 3-19）。

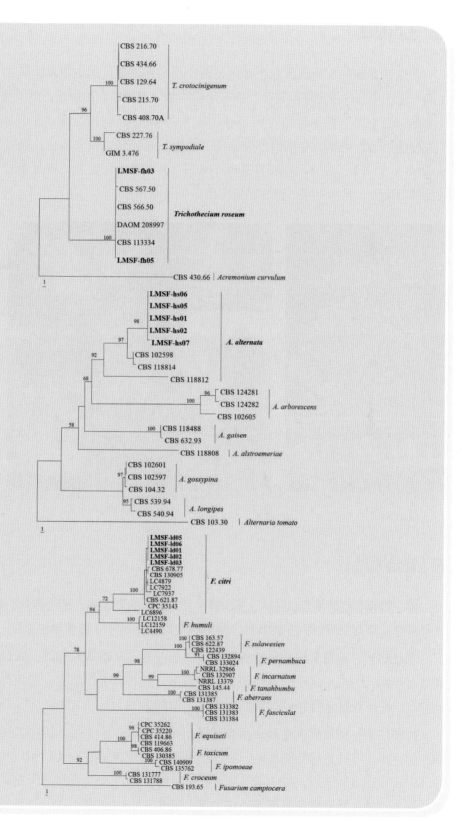

图 3-19 藜麦穗腐病菌的系统发育树

四、发生规律

　　藜麦穗腐病的 3 种病原均为寄主范围广泛的病原菌。藜麦穗腐病菌主要以菌丝和分生孢子随病株残体在土壤中越冬，也可附着在种子上越冬。菌丝在干叶中存活 1 年以上，分生孢子在室温下可存活 17 个月。在 −31 ~ 27 ℃下可保持生活力 7 个月左右。分生孢子主要借气流、雨水、农事操作等传播，通过气孔或伤口侵入寄主。通常潜育期一般较长（10 ~ 30 d），在 25 ~ 30 ℃条件下 5 ~ 7 d 即可出现症状。在温度较高的多雨天气或土壤湿度大，排水不畅时发病较重（图 3-20）。

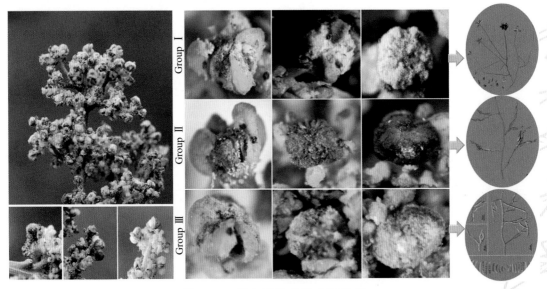

图 3-20　藜麦穗腐病的病害循环

五、防治方法

　　种子处理： 剔除病种、残种、带病菌种子，选择饱和度高、籽粒饱满的种子进行播种。播种前宜选择阳光照射的方式晒种，照射时定期翻动种子，避免晒伤。

　　农业防治： 定植前结合整地施肥搞好田园卫生，及时清除病叶、残枝并集中销毁；成熟时期需及时进行采收，若发现感染穗腐病，需将其进行隔离，避免与未感染籽粒混合存放，防止穗腐病的进一步传播（图 3-21 和图 3-22）。

　　化学防治： 穗腐病发生时使用农药防治是必不可少的手段，优先选择登记药剂或各省（区、市）临时用药品种名录。发病初期选用 45% 咪鲜胺乳油、80% 代森锰锌可湿性粉剂、20% 三唑酮乳油、40% 百菌清可湿性粉剂、500 g/L 异菌脲悬浮剂、50% 苯菌灵可湿性粉剂、50% 甲基硫菌灵可湿性粉剂等，每 7 ~ 10 d 施药 1 次，连续用 2 ~ 3 次。注意药剂的交替使用，以免病原菌产生抗药性。

图 3-21

图 3-22

图 3-21　藜麦穗腐病发病田

图 3-22　藜麦穗腐病籽粒症状

第四章　藜麦茎基腐病

一、分布与为害

藜麦茎基腐病主要在山西发生，属于近几年发生的新病害。该病害发生在藜麦显序期，主要为害藜麦茎基部，造成植株枯萎、叶片脱落和倒伏。高温干旱条件下发生重，发病率约 70%、严重时造成绝产。藜麦茎基腐病是由腐皮镰孢（*Fusarium solani*）引起。腐皮镰孢侵染藜麦时，表现为嫩叶萎蔫，随后逐渐完全变黄。叶片黄化、萎蔫等症状是由于茎基部被腐皮镰孢菌侵染导致。藜麦茎基腐病适宜发病温度为 20 ~ 35 ℃，当温度低于 15 ℃时接种腐皮镰孢菌的茎基部均未发病；最适发病温度为 30 ℃，通常 3 ~ 7 d 造成植株枯死。

腐皮镰孢隶属镰孢属 *Fusarium* Link 真菌，是常见的土壤真菌，通常引起植物维管束病害。在我国腐皮镰孢可引起粮食作物、花卉、中药材、果树、蔬菜等植物的果腐、茎腐、根腐。腐皮镰孢是破坏性极大的病原菌，通常导致植物花、茎、果实、叶片腐烂，造成极大的经济损失。腐皮镰孢有孢子座孢子、气生分生孢子、厚垣孢子等多种孢子，在侵染时孢子座孢子、气生分生孢子等发挥了重要作用。

二、症状

茎基腐病发生在藜麦显穗期，发病初期嫩叶萎蔫，随后老叶逐渐完全变黄，茎基部呈褐色病变（图 4-1）。随着病害发展，植株枯萎、叶片脱落和倒伏（图 4-2）。叶片黄化、萎蔫等症状是由于茎基部被病原菌侵染导致。发病初期，茎基部病斑呈苍白色，病健交界清晰（图 4-3）。发病中期，茎基部病斑呈棕色，病斑可向两端扩展，斑凹陷，发病植株易干枯、倒伏（图 4-4）。发病后期，横切发病植株根茎部，可观测到维管组织变色、坏死，在茎基部的皮质、维管组织、髓部等有淡黄色分生孢子座（图 4-5）。

图 4-1

图 4-2

图 4-3

图 4-4

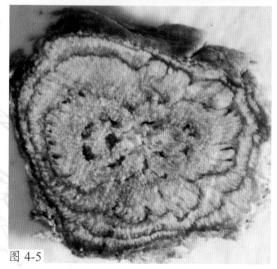

图 4-5

图 4-1 藜麦茎基腐病植株地上部的
初期症状

图 4-2 藜麦茎基腐病植株地上部的
后期症状

图 4-3 藜麦茎基腐病茎基部初期症状

图 4-4 藜麦茎基腐病茎基部中期症状

图 4-5 藜麦茎基腐病茎基部后期症状

三、病原

病原菌学名为腐皮镰孢（*Fusarium solani*），属真菌界（Fungi）子囊菌门（Ascomycota）肉座菌目（Hypocreales）丛赤壳科（Nectriaceae）镰孢属（*Fusarium* Link）。*F. solani* 在 CLA、CYA、MEA、OA、PDA、SNA 等培养基生长时，其菌落形态有显著差异（图 4-6）。在 CYA、MEA、OA、PDA、SNA 培养基上的菌落呈白色至苍白色，平坦、边缘光滑、絮状，气生菌丝丰富，背面呈白色至淡黄色。在 CLA 培养基上可产生分生孢子座，单生或聚生，亚球形至球形，橘红色至奶油色，在 MEA、OA 培养基上可少量形成分生孢子座（图 4-6）。

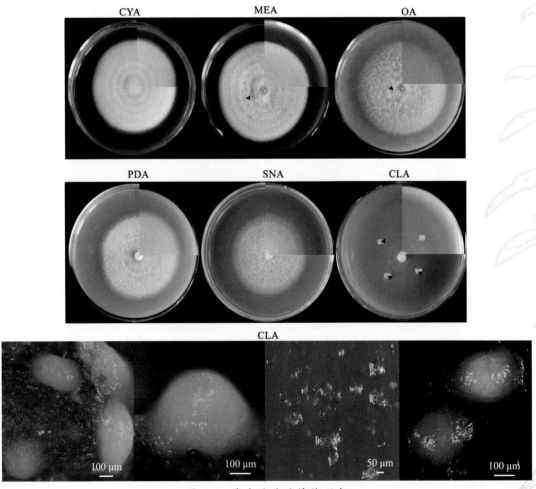

图 4-6　腐皮镰孢的菌落形态

F. solani 产孢方式有 2 种，分生孢子座和气生孢子梗。孢子座乳白色（图 4-7），孢子座大小（125.2 ~ 517.7）μm×（105.6 ~ 415.8）μm，平均 320.1 μm×279.7 μm（图 4-8）。孢子座孢子梗排列紧密、分枝、近圆柱形，中间略微膨大，直或弯曲，产孢点加厚，大小（9.6 ~ 27.3）μm×（2.6 ~ 4.9）μm，平均 18.7 μm×3.6 μm（图 4-9）。孢子座孢子 3 ~ 4 个隔膜、细长、镰状弯曲，大小（39.2 ~ 46.9）μm×（4.4 ~ 5.7）μm，平均 42.8 μm×5.2 μm（图 4-10）。

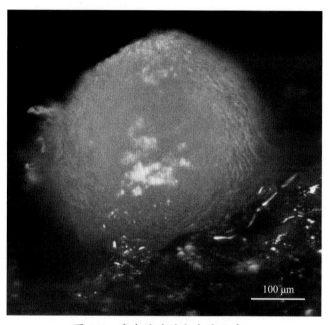

图 4-7　腐皮镰孢的分生孢子座

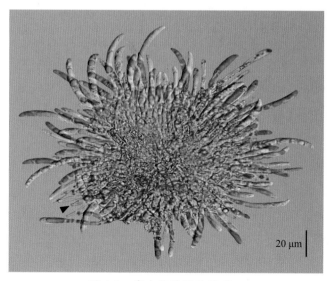

图 4-8　腐皮镰孢的孢子座

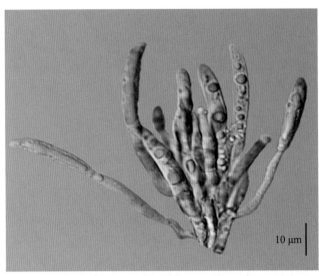

图 4-9　腐皮镰孢的孢子座孢子梗

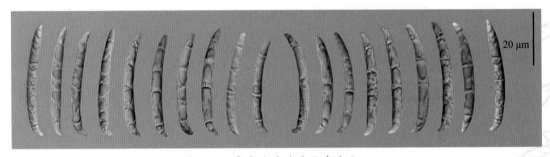

图 4-10　腐皮镰孢的孢子座孢子

　　气生孢子梗丰富，由菌丝体发育而成，呈直状，分枝 1 ~ 3 次，大小（13.7 ~ 43.4）µm ×（3.1 ~ 5.1）µm，平均 25.1 µm × 4.2 µm（图 4-11）。气生孢子有小型分生孢子和大型分生孢子 2 种。小型分生孢子卵圆形至椭球形，微弯曲，0 ~ 1 个隔，大小（9.7 ~ 16.7）µm ×（3.3 ~ 5.6）µm，平均 14.5 µm × 4.8 µm（图 4-12）。大型分生孢子呈镰刀形，基细胞弯曲、略微弯曲，顶端细胞钝、呈钩状，3 ~ 4 个隔，大小（20.1 ~ 46.7）µm ×（3.6 ~ 6.5）µm，平均 37.5 µm × 5.3 µm（图 4-13）。厚垣孢子呈球形至亚球形，外壁粗糙，顶生或链状单生，直径 6.7 ~ 12.2 µm（平均 9.4 µm）（图 4-14）。

　　F. solani 的 CaM、ITS、RPB1、RPB2、TEF1 基因序列长度分别为 658 bp、537 bp、1 705 bp、932 bp 和 707 bp。在 Fusarium MLST 数据库中，ITS 序列与 *F. solani*（MH582400、MH582404 和 MH582401）的相似性为 99.8% ~ 100%（451/452 bp 和 452/452 bp），RPB2 序列与 *F. solani*（MH582226、MH582230 和 MH582411）的相似性为 99.5% ~ 99.6%（916/920 bp 和 870/874 bp），TEF1 序列与 *F. solani*（MH582420、MH582424 和 MH582421）的相似性为 98.9% ~ 99.7%（658/660 bp 和 654/661 bp）。基于 ITS、RPB2 和 TEF1 序列多基因鉴

定，*F. solani* 的 9 株代表性菌株与 Fusarium MLST 数据库中的 *F. solani* 复合种（FSSC）（NRRL 22854、NRRL 22858 和 NRRL 25388）的相似性为 99.5% ~ 99.7%。使用 FUSARIUM-ID v.3.0 进行相同物种水平的鉴定。藜麦茎基腐病菌的 TEF1 序列与 *F. solani*（NRRL 22779、NRRL 22783、NRRL 25388、NRRL 28679、NRRL 32484、NRRL 32492、NRRL 32737、NRRL 32741、NRRL 32791 和 NRRL 32810）的相似性为 99.1% ~ 100%。

　　基于 CaM、ITS、RPB1、RPB2 和 TEF1 的基因序列，以 *Macroconia sphaeriae*（CBS 100001）为外类群构建系统发育树。*F. solani* 菌株 JLJJF-2、JLJJF-12、JLJJF-15、SCJJF-9、SCJJF-16、SCJJF-19、YPJJF-1、YPJJF-5、YPJJF-7 与模式菌株 CBS 140079ET、JW 288011、JW 1075 以 100% 的自展支持率聚为一个分支，表明与 *F. solani* 亲缘关系最近（图 4-15）。综合形态学特征、致病性测定及分子生物学分析结果，确定引起藜麦茎基腐病的病原菌为 *F. solani*。

图 4-11

图 4-11　腐皮镰孢的气生孢子梗

图 4-12　腐皮镰孢的小型分生孢子

图 4-13　腐皮镰孢的大型分生孢子

图 4-12

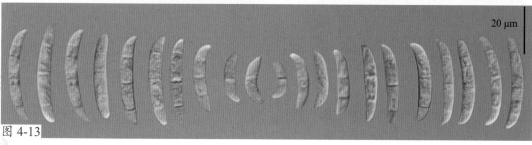

图 4-13

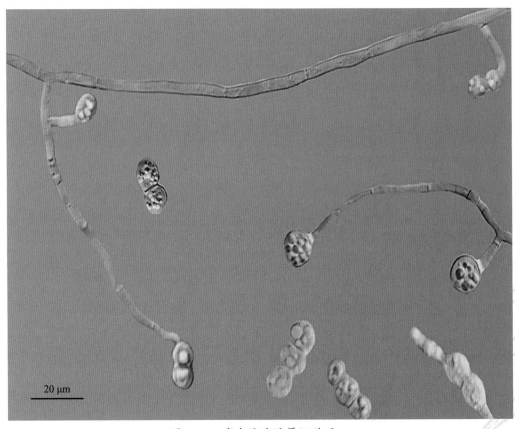

图 4-14　腐皮镰孢的厚垣孢子

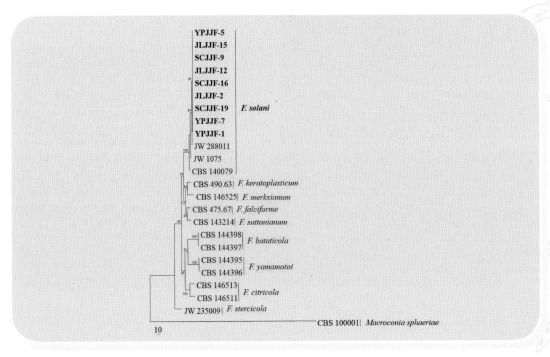

图 4-15　*F. solani* 的系统发育树

四、发生规律

病原菌以菌丝、厚垣孢子、分生孢子等形式潜伏在病残体、土壤等处越冬（图4-16）。高温干旱有利于藜麦茎基腐病的发生，重茬地块发病重。藜麦茎基腐病菌在 10 ～ 35 ℃均可生长，不同温度处理之间的差异显著。在 10 ～ 15 ℃下，藜麦茎基腐病菌生长非常缓慢（≤ 2.67 mm/d）。藜麦茎基腐病菌最适生长温度为 30 ℃，生长速率为 9.21 ～ 9.97 mm/d，在 40 ℃时停止生长。

温度显著影响 *F. solani* 2 种孢子的萌发。孢子座孢子萌发的温度范围为 15 ～ 40 ℃，萌发率 18.6% ～ 93.1%，差异显著。孢子座孢子最适萌发温度为 25 ～ 35 ℃，萌发率 91.1% ～ 93.1%，差异不显著。温度低于 10 ℃或高于 45 ℃，孢子座孢子停止萌发。气生孢子在 10 ～ 45 ℃均可萌发，当温度为 30 ～ 45 ℃时，气生孢子的萌发率为 89.7% ～ 92.9%，当温度低于 15 ℃时萌发率降至 3.2%。

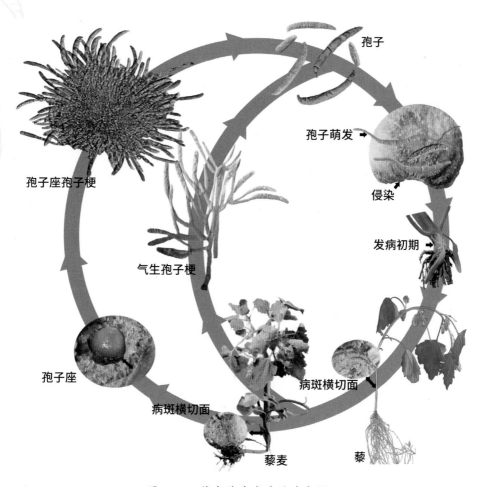

图 4-16　藜麦茎基腐病的病害循环

腐皮镰孢主要通过伤口侵染藜麦。接种藜麦茎基腐病菌 3 ~ 6 d，藜麦茎基部可见典型症状。3 d 时接种部位出现褐色病变，病健交界清晰，嫩叶边缘变成淡黄色。6 d 时病斑扩大、干燥、叶片易脱落。温度对腐皮镰孢的致病性有显著影响。藜麦茎基腐病适宜发病温度 20 ~ 35 ℃，当温度低于 15 ℃时，接种 *F. solani* 的茎基部均未发病。最适发病温度 30 ℃，接种 *F. solani* 6 d 病斑长度为 5.4 ~ 5.9 cm。

五、防治方法

农业防治：选用耐病品种，不同藜麦品种抗茎基腐病的能力不同，根据土壤肥水条件、播期、茬口安排、管理水平等合理选择。播种前，土壤深耕，将表层病残体翻入深层，减少病原菌数量，同时可疏松土壤，以提高抗病能力。合理轮作倒茬，避免重茬增加病害感染概率，宜选择与燕麦、玉米、谷子、马铃薯、油菜等轮作倒茬。增施生物有机肥，培肥地力；加强水肥管理，合理施肥、平衡施肥，培育壮苗，增强抗病能力。发现病株及时拔除，并在病穴处撒石灰，起到消灭病菌的目的。收获后，及时清除病残体。

化学防治：茎基腐病发生时使用农药防治是必不可少的手段，优先选择登记药剂或各省（区、市）临时用药品种名录。发病初期选用 18.7% 丙环·嘧菌酯悬浮剂、30% 噻呋酰胺悬浮剂、17% 唑醚·氟环唑悬乳剂、50% 多菌灵可湿性粉剂、75% 代森锰锌可湿性粉剂、75% 百菌清可湿性粉剂、40% 苯醚甲环唑乳油、80% 戊唑醇水分散粒剂、25% 氰烯菌酯悬浮剂等，每 7 ~ 10 d 施药 1 次，连续用 2 ~ 3 次。注意药剂的交替使用，避免病原菌产生抗药性。此外，发病严重的藜麦田结合耕翻整地也可用代森锰锌、甲基硫菌灵、三唑酮颗粒剂、高锰酸钾等处理土壤，以消灭土壤中的 *F. solani*。

第五章 藜麦黑茎病

一、分布与为害

藜麦黑茎病是 2017 年在山西藜麦种植区发现的一种藜麦茎部病害，在山西、内蒙古等藜麦种植区发生普遍。黑茎病发生在藜麦开花期，病斑长度 0.3 ～ 1.2 cm。发病初期，病斑苍白色、病健交界清晰；发病后期病斑逐渐变为黑色，密布小黑点（分生孢子器）。发病严重时，叶片变黄、脱落、病株倒伏，病穗空秕。在山西省静乐县藜麦种植区藜麦黑茎病发生严重的地块，发病率约 80%、减产 45% 左右。综合形态学、分子生物学鉴定及致病性，确定引起藜麦黑茎病的病原菌为茎生壳二胞 *Ascochyta caulina*（有性态为 *Neocamarosporium calvescens*）。

A. caulina 和 *A. hyalospora* 能引起藜科植物上类似的病害。*A. caulina* 可侵染 9 种滨藜属和 8 种藜属的植物，其中藜属植物有 *C. album*、*C. bonus-henricus*、*C. glaucum*、*C. hybridum*、*C. murale*、*C. viride*、*C. suecicum*、*C. vulvaria*。由于 *A. caulina* 和 *A. hyalospora* 的形态相似，曾存在多个异名，加之引起的症状相似，使得二者经常混淆。此外，由于 *A. caulina* 和 *A. hyalospora* 侵染藜属植物后症状多样，导致二者很难区分。目前，已报道 *A. caulina* 的寄主有 *C. album*、戟叶滨藜（*Atriplex hastata*）等；引起叶斑病或苗期根部黑腐病。*A. caulina* 主要侵染藜麦茎秆；相比其他寄主上的症状，*A. caulina* 在藜麦上的病斑较大、直径 5.9 ～ 9.6 cm，易造成倒伏，为害更严重。

二、症状

黑茎病主要为害藜麦茎，病斑近圆形，最先出现在茎秆中下部，逐渐向上扩展。发病初期病斑苍白色，病健交界清晰、略微凹陷，易干裂皱缩，病斑表面有细小的圆形突起小黑点（图 5-1）；发病后期病斑呈黑色，附着大量小黑点，为病原菌的分生孢子器（图 5-2 和图 5-3）分生孢子器通常在寄主表皮以下，严重时病斑绕茎一周，造成倒伏、叶片枯黄凋落；病斑直径 5.9 ～ 9.6 cm，平均 7.9 cm（图 5-4 和图 5-5）。

图 5-1　藜麦黑茎病初期症状

图 5-2　藜麦黑茎病后期症状（白藜）

图 5-3　藜麦黑茎病后期症状（红藜）

图 5-4　藜麦黑茎病倒伏症状

图 5-5　茎秆上的分生孢子器

三、病原

病原菌学名为茎生壳二胞（*Ascochyta caulina*），属真菌界（Fungi）子囊菌门（Ascomycota）座囊菌纲（Dothideomycetes）格孢腔菌目（Pleosporales）亚隔孢壳科（Didymellaceae）壳二胞菌属（*Ascochyta* Lib.）。茎生壳二胞在 PDA 培养基上的菌落半埋生，菌丝发达、绒状、中央突起、灰白色，边缘黄棕色、呈羽状，菌落背面中央呈深棕色、边缘黄棕色。在 PDA 培养基上培养 7d，表面有细小的颗粒状物，颗粒状物不断增大、变为黑色成为成熟的分生孢子器，密布在菌落中央（图 5-6）。

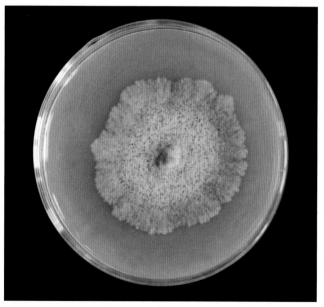

图 5-6　茎生壳二胞的菌落形态

茎生壳二胞的菌丝浅棕色，有隔膜，隔膜处缢缩，宽 4.40 ～ 6.96 μm、平均 5.56 μm。通过多根菌丝频繁分隔及分枝，相邻的菌丝融合并缠绕在一起，围绕中心不断扩展，形成分生孢子器原基。分生孢子器原基形成后菌丝继续分枝、扩大并产生褐色的色素，在菌丝聚集体的中心，部分菌丝特化为厚壁细胞，菌丝之间缠绕紧密，逐渐发育成分生孢子器（图 5-7 和图 5-8）。

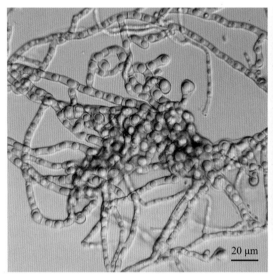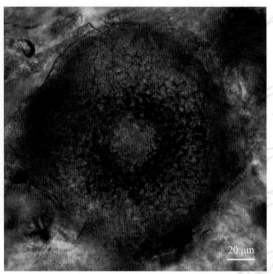

图 5-7　茎生壳二胞菌丝的显微形态　　　　图 5-8　茎生壳二胞的分生孢子器

分生孢子器呈灰白色或淡棕色，近球状或梨形，1 个腔室，质地较硬，分生孢子器外壁表面有多边形格一样的纹饰，孢子器壁厚 5.76 ～ 7.02 μm，平均 6.52 μm，孢子器大小（124.53 ～ 230.34）μm ×（87.05 ～ 227.27）μm，平均 162.39 μm × 138.96 μm。成熟的分生孢子器内壁的菌丝排列致密、平滑。产孢细胞是由内壁细胞分化而来，通常分布在分生孢子器内壁的凹腔处，近锥形。分生孢子单生，椭圆形至梭形，浅棕色，通常有 1 个隔膜，隔膜处稍缢缩，直立或弯曲，顶部钝圆、基部平截至近平截，大小（15.40 ～ 24.47）μm ×（4.43 ～ 7.70）μm，平均 16.69μm × 5.91 μm（图 5-9 和图 5-10）。

扩增 A. caulina 菌株 LMHS-03、LMHS-05 的 LSU、SSU、ITS 基因序列。以 Phoma drobnjacensis（CBS 269.92）为外类群构建系统发育树，结果显示菌株 LMHS-03 和 LMHS-05 与 Neocamarosporium Crous & M. J. Wingt. 属的 8 个种（N. calvescens、N. obiones、N. chenopodii）以 100% 的自展支持率聚在同一个大分支。A. caulina 菌株 LMHS-03、LMHS-05 与寄主为戟叶滨藜（CBS 246.79）的 N. calvescens 以 100% 的自展支持率聚为一个小分支，表明与 N. calvescens 的亲缘关系最近（图 5-11）。综合形态学、分子鉴定及致病性，确定引起藜麦黑茎病的病原菌为 N. calvescens（无性态为 A. caulina）。

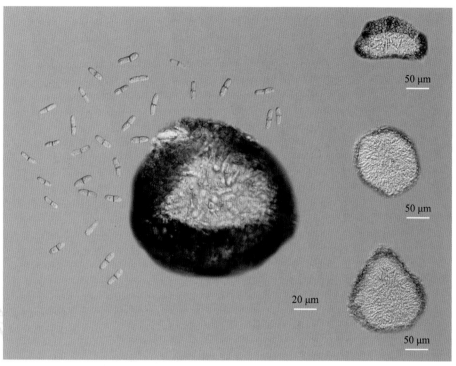

图 5-9　茎生壳二胞的分生孢子器和分生孢子

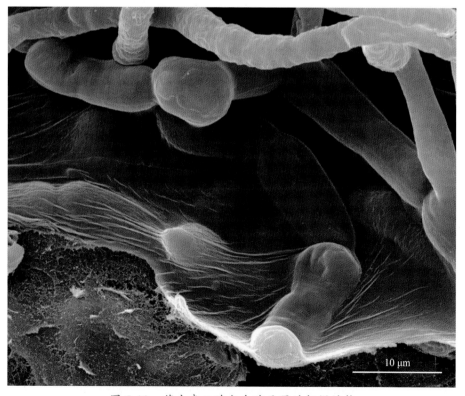

图 5-10　茎生壳二胞分生孢子器的超微结构

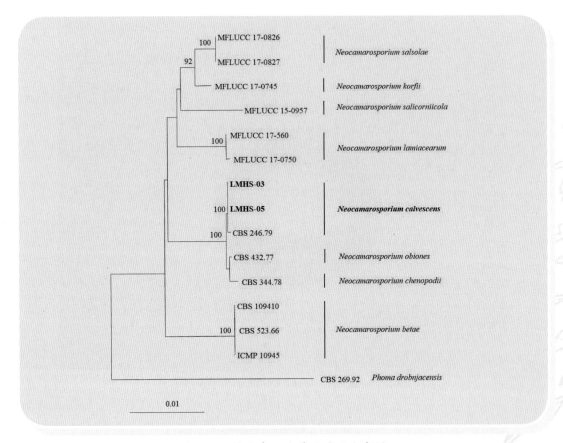

图 5-11　茎生壳二孢菌的系统发育树

四、发生规律

A. caulina 以菌丝体、分生孢子器等在枯茎、土壤等处越冬。翌年春天以分生孢子进行初侵染，成为初侵染源。主要是通过雨水、气流，也可借种子带菌远距离传播。藜麦黑茎病在冷凉条件下更容易发病（15 ~ 25 ℃，相对湿度 55%±2%）。病原菌主要侵染藜麦茎且能产生大量分生孢子器，极少侵染藜麦叶片；不侵染藜、菱叶藜的茎秆；易于侵染藜、菱叶藜的叶片，并且在叶片上能产生大量分生孢子器。藜麦成熟期收获迟时发病重，降雨或灌溉有利于此病的流行。侵染藜麦茎 6 d 时出现典型病斑，病健交界清晰、浅棕色晕圈、坏死斑；10 d 时产生黑色小点（分生孢子器）。分生孢子器成熟后释放分生孢子，田间进行再侵染。

五、防治方法

农业防治：选用抗病品种，选用对黑茎病抗性的品种。忌重茬、重茬后发生程度高，宜选择与燕麦、玉米、谷子、马铃薯、油菜等轮作倒茬。轮作时应掌握上茬作物除草剂的使用情况，应避免选择上茬使用过的除草剂对藜麦生长有影响的地块。加强栽培管理，合理密植，不施过量氮肥，使植株稳长不过旺，改善株间通风透光条件，减轻病害发生。及时清洁田园：收获后，收集田里的残株、落叶，烧毁，同时及时进行深耕翻，消灭病原菌。

化学防治：黑茎病发生时使用农药防治是必不可少的手段，优先选择登记药剂或各省（区、市）临时用药品种名录。发病初期选用 65% 代森锌可湿性粉剂、50% 甲基硫菌灵可湿性粉剂、50% 多菌灵可湿性粉剂等，每 7～10 d 施药 1 次，连续用 2～3 次。注意药剂的交替使用，避免病原菌产生抗药性。

第六章 藜麦灰霉病

一、分布与为害

灰霉病是由葡萄孢属 *Botrytis* spp. 真菌灰葡萄孢（*Botrytis cinerea*）引起，葡萄孢属包括 38 个种真菌，在世界范围内每年造成的经济损失为 100 亿～1 000 亿美元。灰葡萄孢是葡萄孢属的模式种，其寄主包括约 600 属 1 400 种植物。灰葡萄孢几乎可侵染植物所有器官，如百合、木槿、金盏花、牡丹、西葫芦及甜椒等植物的花和叶片均可感染灰霉病，西葫芦、甜椒、草莓和番茄等植物的果实也可感染灰霉病，桃、开心果等植物的嫩枝以及储藏期的梨、樱桃和柿子等果实也会感染灰霉病。

灰葡萄孢引起的灰霉病是近年来发生在藜麦种植区的一种新病害，关于灰葡萄孢引起的苋科或藜科植物灰霉病的报道较少，目前仅见由灰葡萄孢引起的甜菜根腐病和北美海蓬子花序灰霉病。2017 年报道在英国剑桥市发现藜麦灰霉病。2019 年，在我国报道藜麦灰霉病，该病害通常发生在藜麦灌浆期，主要为害藜麦穗的主轴、侧轴及穗，发病部位出现不规则坏死斑，后期患病穗折倒，顶部枯死，造成籽粒皱缩、空瘪、霉变，一般发生时发病率约 20%，严重发生时发病率在 60% 以上。

二、症状

藜麦灰霉病通常发生在灌浆期，主要为害穗主轴、侧轴及籽粒。病斑最先出现在藜麦穗主轴基部（图 6-1），逐渐沿穗轴向两端扩展（图 6-2）。发病初期病斑不规则，苍白色，中央坏死，病健交界清晰（图 6-1）；湿度大时病斑扩展绕穗轴一周，病斑处密生灰色霉层，导致穗顶部枯死，易折倒，籽粒空瘪（图 6-2 和图 6-3），病斑直径大小 8.0～15.0 cm（平均 9.7 cm）（图 6-2 和图 6-3）。发病后期扩展至穗侧轴及籽粒（图 6-3），造成籽粒霉变，表面密布灰色霉层（图 6-4 和图 6-5）。

图 6-1

图 6-2

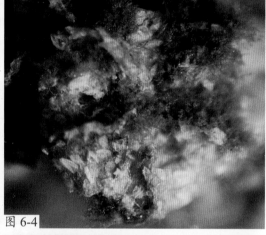

图 6-4

图 6-5

图 6-3

图 6-1　藜麦灰霉病穗轴初期症状

图 6-2　藜麦灰霉病穗轴中期症状

图 6-3　藜麦灰霉病穗部症状

图 6-4　藜麦灰霉病籽粒霉变

图 6-5　藜麦灰霉病在穗部产生霉层

三、病原

　　病原菌学名为灰葡萄孢（*Botrytis cinerea*），属真菌界（Fungi）子囊菌门（Ascomycota）锤舌菌纲（Leotiomycetes）柔膜菌目（Helotiales）核盘菌科（Sclerotiniaceae）葡萄孢属（*Botrytis*）。灰葡萄孢在 OA、PDA、MEA 和 CYA 培养基上的菌落形态差异，培养 6 d 时代表性菌株在 4 种培养基上均为菌丝型。培养 15 d 时在 OA、PDA 和 CYA 培养基上为菌核型，在 MEA 培养基上为孢子型（图 6-6）。

　　灰葡萄孢 OA、PDA 和 CYA 培养基上培养 6 d，菌落呈灰褐色，气生菌丝发达、绒毛状，边缘整齐。培养 15 d 时在 OA 培养基的中央产生黑色菌核，菌核围绕中心呈近环形排列，大小 2 ~ 6 mm（平均 3 mm）；在 PDA 培养基的中央及边缘散生黑色菌核，大小 2 ~ 8 mm（平均 4 mm）；在 CYA 培养基中央产生灰褐色菌核，大小 2 ~ 9 mm（平均 5 mm）。3 株代表性菌株在 MEA 培养基上培养 6 d 时，菌落呈淡灰褐色，致密，背面淡黄色；培养 15 d 时菌落呈灰褐色，产生分生孢子，背面淡黄色（图 6-6）。

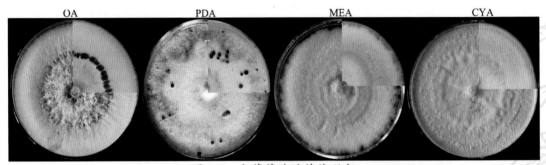

| OA | PDA | MEA | CYA |

图 6-6　灰葡萄孢的菌落形态

　　灰葡萄孢的分生孢子梗呈灰褐色，多数丛生，有隔膜，基部轻微缢缩（图 6-7）；从基部到顶端逐渐变尖，通常在顶端有互生或轮生的分枝（图 6-7）；分枝顶端簇生葡萄穗状的分生孢子（图 6-8），大小（163.8 ~ 879.2）μm×（9.7 ~ 12.3）μm，平均 673.5 μm× 11.2 μm。分生孢子单胞，卵圆形，无色至灰褐色，表面光滑，基部有脐点（图 6-9），大小（8.59 ~ 15.6）μm×（6.4 ~ 10.7）μm，平均 11.9 μm×8.1 μm。

　　灰葡萄孢菌株（LMHM1、LMHM2 和 LMHM5）的 *G3PDH*、*HSP60* 和 *RPB2* 基因，获得的序列片段大小依次为 905 bp、976 bp 和 1 093 bp。系统发育树显示藜麦灰霉病菌（LMHM1、LMHM2 和 LMHM5）与灰霉属的灰葡萄孢、蚕豆葡

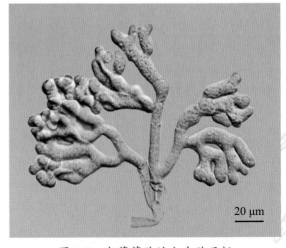

20 μm

图 6-7　灰葡萄孢的分生孢子梗

萄孢 *B. fabae*、假灰葡萄孢 *B. pseudocinerea*、驴蹄草葡萄孢 *B. calthae* 和中国葡萄生葡萄孢 *B. sinoviticola* 这 5 个种以 98% 的自展支持率聚在同一个大分支，并且与外群核盘菌 484 菌株明显区分开；藜麦灰霉病菌（LMHM1、LMHM2 和 LMHM5）和其他 5 株灰葡萄孢 B0510、Bc7、SAS405、SAS56、MUCL87 聚为一个分支，表明菌株 LMHM1、LMHM2 和 LMHM5 与灰葡萄孢（*B. cinerea*）的亲缘关系最近（图 6-10）。综合形态学特征、致病性测定及分子生物学分析结果，确定引起藜麦灰霉病的病原为灰葡萄孢。

图 6-8

图 6-9

图 6-8 灰葡萄孢的分生孢子梗和
分生孢子

图 6-9 灰葡萄孢的分生孢子

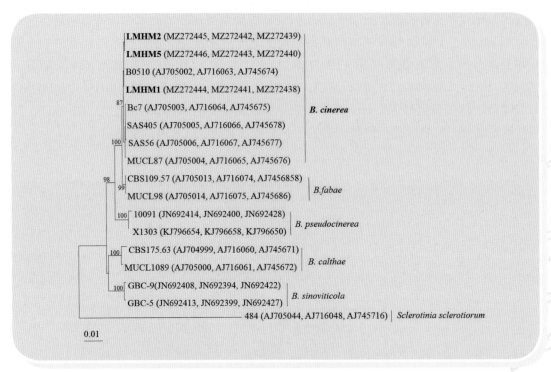

图 6-10　灰葡萄孢的系统发育树

四、发生规律

灰葡萄孢具有传播范围广、滋生能力特别强的特点，分生孢子易随气流飞散。灰葡萄孢以菌核、分生孢子、菌丝体等在土壤或病残体上越冬，当条件适宜时产生大量分生孢子。分生孢子借气流、雨水、露珠、浇水、农事操作等进行传播。环境条件适宜的时候通过气流传播，灰葡萄孢适宜的生长温度为 15 ～ 25 ℃，pH 值为 3 ～ 6，相对湿度在85% 以上。如遇连阴雨或湿度大（相对湿度持续 85% 以上），光照不足、光线不强，叶片上有水膜存在，会加重病情。重茬地，植株长势差，地势低洼，田间湿度大，偏施氮肥，种植密度大发病重。

五、防治方法

农业防治：暴发过灰霉病的地块，深耕进行晒田结合使用多菌灵等对土壤进行消杀，可减少土壤中致病菌孢子的数量。加强田间的水分管理，合理浇水，及时通风散湿。由于水分过多是造成灰霉病暴发的主要条件，浇水时注意控制用量，防止田间水分过多。建议尽量采取节水灌溉措施，使用滴管或者喷灌。控制氮肥用量，增施磷钾肥，健壮株势，避免出现旺长、徒长。合理密植，加强田间通风透光性；发现病残体及时清除。大棚种植藜麦时，温度过高容易造成灰霉病暴发，要加强棚内温度的管理，及时进行通风换气。

化学防治：灰霉病发生时使用农药防治是必不可少的手段，优先选择登记药剂或各省（区、市）临时用药品种名录。发病初期选用 50% 异菌·福美双可湿性粉剂、50% 腐霉利可湿性粉剂、50% 异菌脲可湿性粉剂、25% 吡唑醚菌酯悬浮剂、50% 啶酰菌胺水分散粒剂、20% 嘧霉胺可湿性粉剂、65% 啶酰·异菌脲水分散粒剂、1 000 亿芽孢 /g 枯草芽孢杆菌可湿性粉剂、2 亿孢子 /g 木霉菌可湿性粉剂、35% 咯菌腈·乙霉威水分散粒剂等喷雾防治，每 7 ～ 10 d 施药 1 次，连续用 2 ～ 3 次。注意药剂的交替使用，避免病原菌产生抗药性。

第七章　藜麦异孢霉叶斑病

一、分布与为害

藜麦异孢霉叶斑病在 22 ~ 26 ℃、相对湿度 75% ~ 80% 的环境中易发生，在北京、甘肃、河北、内蒙古、青海、四川、山西、西藏等藜麦种植区均有发生。该病害主要为害藜麦叶片，导致叶片枯裂脱落，严重时植株叶片均可发病。调查发现该病害在 7 月上旬（孕穗期）开始零星发病，8 月下旬（灌浆成熟期）达到发病高峰，一直持续到 9 月上旬，发病率在 80% 以上。

2013 年，异孢霉属 *Heterosporicola* ssp. 从茎点霉属 *Phoma* spp. 划分出来。目前，异孢霉属包括 2 个种，*H. chenopodii* 和 *H. dimorphospora*。综合形态学特征、致病性测定及分子生物学分析结果，确定引起藜麦异孢霉叶斑病的病原菌为北京异孢霉（*Heterosporicola beijingense*）。2020 年，北京异孢霉（*H. beijingense*）以新种被报道。

二、症状

藜麦异孢霉叶斑病发病初期在叶片上形成近圆形褪绿病斑（图 7-1）。发病中期病斑逐渐扩大，中央灰棕色至棕色，周围黄褐色且具黄绿色晕圈（图 7-2 和图 7-3）。发病后期病斑黄棕色至棕褐色，中央开裂，灰白色至灰色，病斑边缘干枯具少量轮纹，开裂部分与边缘部分分界明显且病健交界明显，多个病斑可相连成大病斑（图 7-4 至图 7-7），病斑表面附着大量小黑点（分生孢子器）（图 7-8）。不同品种藜麦病斑症状不同，在红藜品种上病斑周围具深粉色至玫红色晕圈（图 7-7）。严重时植株叶片均可发病，一片叶片具多个病斑，叶片干枯易脱落（图 7-9）。

图 7-1　藜麦异孢霉叶斑病叶片初期症状

图 7-2　藜麦异孢霉叶斑病叶片中期症状

图 7-3　藜麦异孢霉叶斑病病斑中央坏死症状

图 7-4　藜麦异孢霉叶斑病叶片枯黄症状

图 7-5　藜麦异孢霉叶斑病病斑连片症状

图 7-6　藜麦异孢霉叶斑病病斑开裂症状

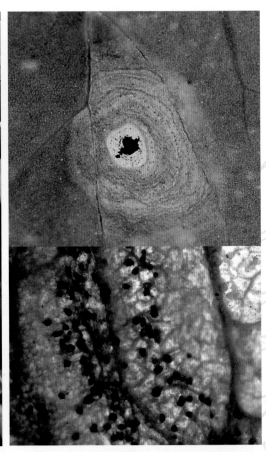

图 7-7　藜麦异孢霉叶斑病为害红藜叶片后期症状　　图 7-8　叶片表面形成分生孢子器

图 7-9　藜麦异孢霉叶斑病田间症状

三、病原

病原菌学名为北京异孢霉（*Heterosporicola beijingense*），属真菌界（Fungi）子囊菌门（Ascomycota）座囊菌纲（Dothideomycetes）格孢腔菌目（Pleosporales）小球腔菌科（Leptosphaeriaceae）异孢霉属（*Heterosporicola*）。*H. beijingense* 在 CYA 培养基上生长最快，15 d 后菌落直径 72 ~ 76mm，菌丝棉絮状、埋生，菌落正面白色至乳白色，背面黄色至黄棕色，有 6 ~ 8 条轻微裂痕，可观察到少量小黑点（分生孢子器）；30 d 后可产生较多分生孢子器。在 MEA 培养基上培养 15 d 后菌落直径 49 ~ 50 mm，菌丝棉絮状、致密，菌落正面白色至乳白色，背面黄棕色至棕色，有 12 ~ 14 条裂痕，可观察到分生孢子器；培养 30 d 后菌落表面也可观察到小黑点。在 OA 培养基上培养 15 d 后菌落直径 55 ~ 61 mm，菌丝绒毛状，菌落正面灰白色至白色，背面黄棕色，可观察到小黑点；30 d 后产生大量分生孢子。在 PDA 培养基上生长最慢，培养 15 d 后菌落直径 31 ~ 36 mm，菌丝绒毛状、致密，菌落正面白色至乳白色，背面黄色至黄棕色；30 d 后产生的分生孢子器较少（图 7-10）。

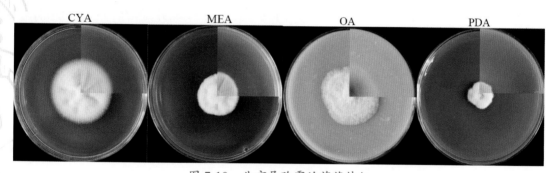

图 7-10　北京异孢霉的菌落特征

H. beijingense 的分生孢子器埋生或半埋生，黑褐色至黑色，近球状，大小（216.40 ~ 304.62）μm×（222.63 ~ 290.13）μm，平均 240.04 μm×270.15 μm（图 7-11）。分生孢子透明，无隔膜，单生，椭球形至长圆形，大小（2.46 ~ 5.13）μm×（1.10 ~ 2.34）μm，平均 4.19 μm×1.51 μm（图 7-12）。

以异茎点霉 *Paraphoma radicina*（CBS 111.79）为外类群构建系统发育树，藜麦异孢霉叶斑病菌菌株 LMCK-11、JZB3400001、JZB3400002、JZB3400003、JZB3400004 与 *H. beijingense* 以 100% 的支持率聚为一支，与 *H. chenopodii* 和 *H. dimorphospora* 明显分开，表明藜麦异孢霉叶斑病菌与 *H. beijingense* 的亲缘关系最近。综合形态学特征、致病性测定及分子生物学分析结果，确定引起藜麦异孢霉叶斑病的病原菌为北京异孢霉（*H. beijingense*）（图 7-13）。

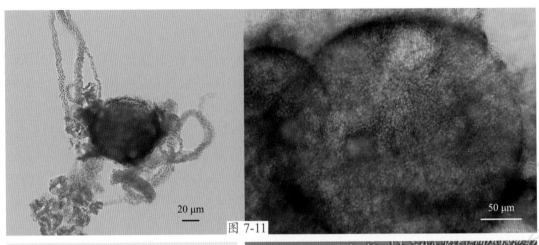

图 7-11

图 7-11　北京异孢霉的分生孢子器

图 7-12　北京异孢霉的分生孢子

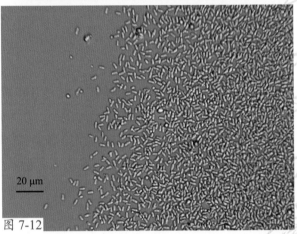

图 7-12

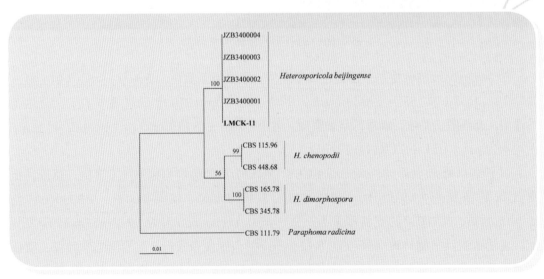

图 7-13　北京异孢霉的系统发育树

四、发生规律

H. beijingense 以菌丝体或分生孢子器在病组织中越冬，翌年春季释放出分生孢子借风雨及浇水时传播，从微伤口侵入。潮湿多雨的天气易发生和扩展，风透光差，湿度大，发病比较频繁。该病害在 15 ℃不发病，在 20 ～ 35 ℃均可发病。20 ℃发病较轻，病斑具轻微黄绿色晕圈，直径 0.4 ～ 0.5 cm；25 ℃叶片具褪绿斑，病斑直径 0.5 ～ 0.6 cm；30 ℃病斑灰棕色，周围具黄绿色晕圈，病斑直径 1.0 ～ 1.2 cm；35 ℃发病较重，病斑灰棕色，且具棕褐色小点，周围具黄色晕圈，病健交界明显，病斑直径 1.1 ～ 1.4 cm。

五、防治方法

农业防治：加强田间的水分管理，合理浇水，及时通风散湿。浇水时注意控制用量，防止田间水分过多。建议尽量采取节水灌溉措施，使用滴管或者喷灌。控制氮肥用量，增施磷钾肥，健壮株势，避免出现旺长、徒长；合理密植，加强田间通风透光性；发现病叶及时清除。

化学防治：藜麦异孢霉叶斑病发生时使用农药防治是必不可少的手段，优先选择登记药剂或各省（区、市）临时用药品种名录。发病初期选用 40% 百菌清悬浮剂、50% 异菌·福美双可湿性粉剂、25% 吡唑醚菌酯悬浮剂、50% 啶酰菌胺水分散粒剂、20% 嘧霉胺可湿性粉剂、65% 啶酰·异菌脲水分散粒剂、1 000 亿芽孢 /g 枯草芽孢杆菌可湿性粉剂、2 亿孢子 /g 木霉菌可湿性粉剂等喷雾防治，每 7 ～ 10 d 施药 1 次，连续用 2 ～ 3 次。注意药剂的交替使用，避免病原菌产生抗药性。

第八章 藜麦尾孢叶斑病

一、分布与为害

藜麦尾孢叶斑病是藜麦生产中为害严重的叶部病害之一，在美国、中国等藜麦种植区普遍发生。2019 年，在山西省静乐县藜麦种植区首次发现一种藜麦叶部病害。尾孢叶斑病发病初期，在叶片上形成圆形或近圆形病斑；严重时病斑连片造成叶片枯黄脱落。近年来，该病害的发病率约 35%，严重地块约 70%、减产约 25%，并呈加重趋势。藜麦尾孢叶斑病在温度 22 ~ 26 ℃、相对湿度 75% ~ 80% 的环境中扩展速度极快，10 d 时病斑大面积连片、枯黄、脱落。据报道，2013 年在美国发生过该类病害，鉴定为藜麦钉孢叶斑病，病原菌为 *Passalora dubia*；2015 年在北京延庆发现藜麦钉孢叶斑病。2019 年，确定引起藜麦叶部病害的病原为尾孢属（*Cercospora* Fresen）藜尾孢（*Cercospora chenopodii*），并将藜麦钉孢叶斑病的名称订正为藜麦尾孢叶斑病。

钉孢属（*Passalora*）是尾孢类真菌，主要引起花生褐斑病、木薯褐斑病、茄子绒菌斑、无花果褐斑病等病害。*P. dubia* 在人工培养基上生长缓慢且难以产孢，加之与小胖孢属（*Cercosporidium*）、尾孢属（*Cercospora*）等属部分种的形态相似，使得曾经存在多个异名。1982 年，我国学者郭英兰等详细报道了该病原菌并命名为藜短胖孢（*Cercosporidium dubium*），寄生在藜、灰藜、小藜、鞑靼滨藜等藜科藜属或滨藜属植物。直到 1995 年，Braun 将藜短胖孢（*C. dubium*）订正为 *P. dubia*，*Cercosporidium dubium*、*Cercospora chenopodii*、*Cercospora atriplicis*、*Cercospora dubia* 等均列为异名。随着真菌分类技术的发展，*P. dubia* 的分类地位发生了很大变化，2017 年 Videira 等学者利用 LSU、rpb2 和 ITS 等基因进行系统发育分析，将 *P. dubia* 订正为 *Cercospora chenopodii*。藜属或滨藜属植物是 *C. chenopodii* 的常见寄主，在美国、墨西哥、罗马尼亚、韩国、新西兰、中国等国家有过报道，其寄主为榆钱菠菜（*Atriplex hortensis*）、草地滨藜（*A. oblongifolia*）、藜（*Chenopodium album*）、小藜（*C. ficifolium*）、灰藜（*C. glaucum*）等。

二、症状

藜麦尾孢叶斑病主要为害藜麦叶片，病斑最先出现在植株中下部叶片，逐渐向上扩展；形成圆形、近圆形或受叶脉限制的多角形病斑（图 8-1）。发病初期病斑圆形、近圆形，淡黄色（图 8-1）；中期病斑正面为浅褐色、附着少量点状霉层（图 8-2）。发病后期病斑正面为灰褐色，表面稍隆起，上附着点状霉层，周缘有黄色晕圈，直径 3.9～7.6 mm（平均 5.4 mm）（图 8-3 和图 8-4）。通常病斑中央有浅灰色中心并伴有褐色至暗褐色细线圈（图 8-3 和图 8-4），叶背病斑为浅褐色至灰褐色（图 8-5）；严重时病叶变黄易脱落（图 8-6 和图 8-7）。

图 8-1　藜麦尾孢叶斑病叶片初期症状

图 8-2　藜麦尾孢叶斑病叶片中期症状

图 8-3　藜麦尾孢叶斑病叶片后期症状

图 8-4　藜麦尾孢叶斑病病斑开裂症状

图 8-5　藜麦尾孢叶斑病病斑附着灰褐色霉层　　　图 8-6　藜麦尾孢叶斑病病斑连片

图 8-7　藜麦尾孢叶斑病田间症状

三、病原

病原菌学名为藜尾孢（*Cercospora chenopodii*），属真菌界（Fungi）子囊菌门（Ascomycota）座囊菌纲（Dothideomycetes）球腔菌目（Mycosphaerellales）球腔菌科（Mycosphaerellaceae）尾孢属（*Cercospora*）。*C. chenopodii* 在 PDA 上菌丝体埋生，致密，中央突起、白色，边缘灰色、光滑，菌落背面呈深黑色，有 6 ～ 8 条裂痕（图 8-8）；培养 20 d 菌落直径 21 ～ 23 mm。*C. chenopodii* 的分生孢子梗由寄主组织下伸出（图 8-9），2 ～ 20 根簇生，基部深褐色，顶部钝圆，浅褐色（图 8-9 和图 8-10），无分枝，宽度不匀，直立或弯曲，有 1 ～ 5 个曲膝状折点，大小（30.62 ～ 99.30）μm×（4.41 ～ 7.70）μm，平均 88.94 μm×6.07 μm；产孢痕加厚且明显，合轴式延伸，直径 2.32 ～ 2.70 μm（平均 2.08 μm）（图 8-10）。分生孢子单生，圆柱形至倒棒形，浅褐色，有 1 ～ 4 个隔膜，通常 3 个隔膜，直立或弯曲，顶部钝圆、基部平截至近平截，大小（30.16 ～ 51.94）μm×（4.64 ～ 10.15）μm，平均 40.01 μm×7.99 μm；分生孢子的基脐明显，深褐色，直径 1.71 ～ 2.82 μm（平均 2.30 μm）（图 8-10）。

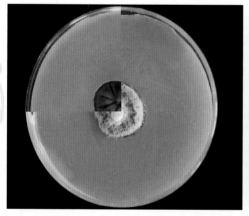

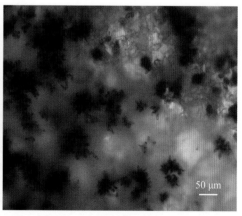

图 8-8　藜尾孢的菌落形态　　　　　图 8-9　藜尾孢的分生孢子梗

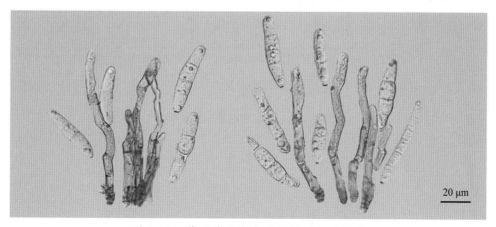

图 8-10　藜尾孢的分生孢子梗和分生孢子

以 *Passalora bacilligera*（CBS 131547）为外类群构建 LSU、rpb2、ITS 系统发育树，可以看出藜麦尾孢叶斑病菌菌株 LMYB-02、LMYB-03、LMYB-07、CBS 126.29、CBS 256.67、CBS 543.71、CBS 123192、CPC 10303、CPC 12450 共 9 株 *C. chenopodii* 以 100% 的自展支持率聚为一个分支，表明与 *C. chenopodii* 的亲缘关系最近（图 8-11）。

藜麦尾孢叶斑病菌（LMYB-02、LMYB-03、LMYB-07）与尾孢属（*Cercospora* spp.）其余的 9 个种（*C. sojina*、*C. campi-silii*、*C. euphorbiae-sieboldianae* 等）以 100% 的自展支持率聚在同一个大分支，并且与 *Paracercosporidium* spp.、短胖孢属 *Cercosporidium* spp.、*Neocercosporidium* spp.、*Micronematomyces* spp.、钉孢属 *Passalora* spp. 等 5 个属的 9 株菌明显区分开来（图 8-11）。综合形态学特征、致病性测定及分子生物学分析结果，确定引起藜麦叶部病害的病原为尾孢属（*Cercospora* Fresen）藜尾孢（*C. chenopodii*）。

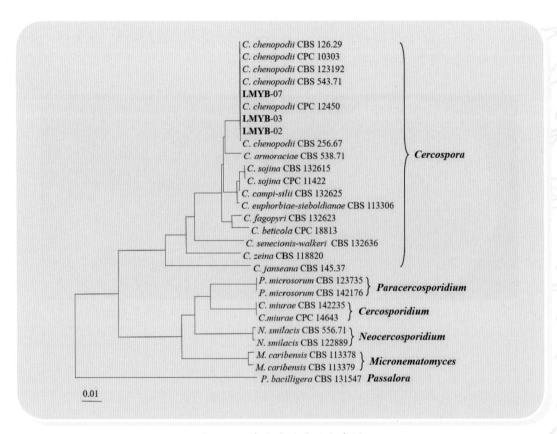

图 8-11　藜尾孢的系统发育树

四、发生规律

C. chenopodii 主要以菌丝体或分生孢子在土壤中、病残体、种子等处越冬，翌年分生孢子借气流、雨水、农事操作等传播，主要从气孔或伤口侵入，经 5 ~ 10 d 发病后产生新的分生孢子进行再侵染（图 8-12 和图 8-13）。病菌在 10 ~ 35 ℃条件下均能生长发育，生长期高温高湿或连续阴雨天发病较重（图 8-13）。

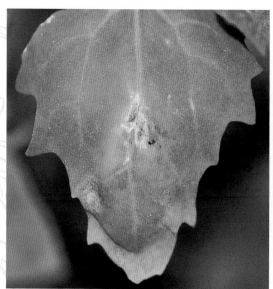

图 8-12 藜尾孢 5 d 发病情况

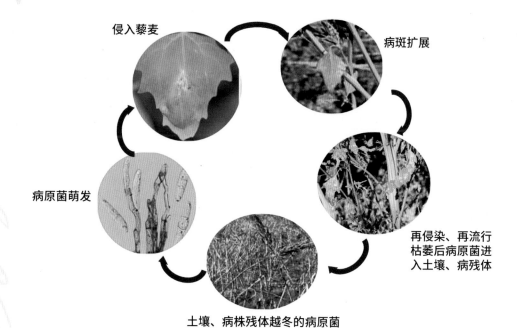

图 8-13 藜尾孢叶斑病的病害循环

五、防治方法

农业防治: 充分腐熟农家肥作基肥,增施磷、钾肥。合理密植、孢子通风透气,建议采用膜下滴灌,大水漫灌发病重。田间发现病叶后及时摘除,注意清除田间病残落叶。

化学防治: 藜麦尾孢叶斑病发生时使用农药防治是必不可少的手段,优先选择登记药剂或各省(区、市)临时用药品种名录。发病初期可选用70%丙森锌可湿性粉剂、20%吡唑醚菌酯悬浮剂、70%甲基硫菌灵可湿性粉剂、20%苯醚·咪鲜胺微乳剂、75%肟菌·戊唑醇等,10 d左右施药1次,连续防治2~3次。注意药剂的交替使用,避免病原菌产生抗药性。

第九章 藜麦链格孢叶斑病

一、分布与为害

藜麦链格孢叶斑病在我国山西、青海、内蒙古、西藏等地均有发生。2019—2020 年，在山西省藜麦种植区发现了链格孢叶斑病，发病初期在叶片上形成圆形、近圆形或椭圆形病斑；后期多个病斑易连接成一个大的不规则状斑，叶片卷曲、开裂、易脱落；发病率约为 30%，严重地块约 65%。

链格孢属 *Alternaria* Nees 真菌在世界上广泛分布，可寄生 4 000 多种植物。链格孢可引起多种植物的叶斑病；国内外研究学者发现油菜链格孢叶斑病、樱桃链格孢叶斑病、芹菜链格孢叶斑病等在温度偏高、湿度偏大的条件下发生较重。藜麦链格孢叶斑病通常在显序期到灌浆期发生，为害叶片造成圆形或近圆形病斑，严重时多个病斑易连接成一个大的不规则状斑，叶片枯黄易脱落。田间温度为（25±3）℃，RH 60%±10% 范围内发病较快。此外，调查发现藜麦叶斑通常出现在叶片基部凹陷处，可能与叶基部凹陷、易积水、湿度偏大有关。藜麦链格孢叶斑病菌可以侵染藜麦、藜、台湾藜等多种藜属植物，要密切关注藜麦、台湾藜及田间藜属杂草链格孢叶斑病的发生动态。

二、症状

藜麦链格孢叶斑病在山西省藜麦的种植区（静乐、神池、五台、原平、榆次）均有发生。链格孢叶斑病从藜麦显序期开始零星发病（6 月下旬至 7 月上旬），灌浆期达到发病高峰（8 月上旬）。通常河滩地块易发病，高山或丘陵通风较好地块发病较轻。该病害的病斑主要呈圆形、近圆形或椭圆形；发病初期叶片正面出现淡黄或浅绿色病斑（图 9-1）。发病中期病斑呈黄绿色或浅黄棕色，病斑正背面具有黄绿色霉层（图 9-2 和图 9-3），坏死的病斑易枯裂（图 9-3）。发病后期多个病斑易连接成一个大的不规则状斑，叶片枯黄易脱落（图 9-4）。

图 9-1

图 9-1   藜麦链格孢叶斑病叶片初期症状

图 9-2   藜麦链格孢叶斑病叶片正面中期
         症状

图 9-2

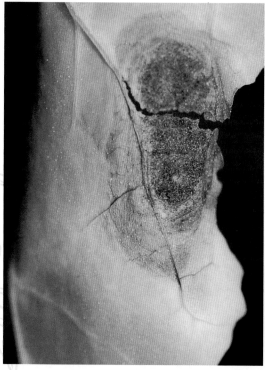

图 9-3　藜麦链格孢叶斑病叶片背面中期症状

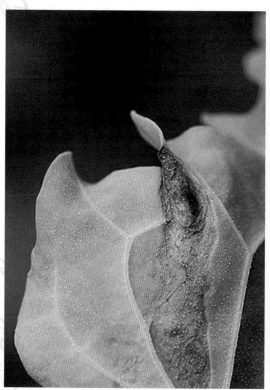

图 9-4　藜麦链格孢叶斑病叶片后期症状

三、病原

病原菌学名为链格孢（*Alternaria alternata*），属真菌界（Fungi）子囊菌门（Ascomycota）座囊菌纲（Dothideomycetes）格孢腔菌目（Pleosporales）格孢腔菌科（Pleosporaceae）链格孢属（*Alternaria* Nees）。链格孢（*A. alternata*）在 4 种培养基上气生菌丝发达呈绒毛状或棉絮状，菌落正面黄棕色、灰棕色或深绿色，背面棕色、灰褐色或黑褐色。藜麦链格孢叶斑病菌在 OA、PCA 和 V8 培养基上菌丝绒毛状；在 OA 培养基上菌落黄棕色至灰棕色；在 PCA 和 V8 培养基上气生菌丝发达，菌落深棕色至深绿色。藜麦链格孢叶斑病菌在 PDA 培养基上菌丝棉絮状；菌落正面中央呈墨绿色，外缘为灰白色至浅棕色，背面深褐色（图 9-5）。

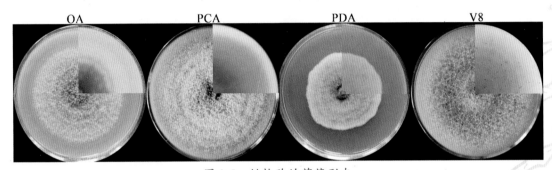

图 9-5　链格孢的菌落形态

A. alternata 的分生孢子梗直立或弯曲，棕色至深褐色，分枝或不分枝，有分隔，顶部 1 至多个脐点，大小（9.8 ~ 109.4）μm×（2.6 ~ 5.5）μm，平均 46.5 μm×4.0 μm（图 9-6）。分生孢子卵形、倒棍棒形或窄椭圆形，灰棕色至褐色，具 1 ~ 5 个横隔膜、0 ~ 2 个纵隔膜，隔膜处有缢缩且颜色加深，大小（10.4 ~ 40.4）μm×（5.3 ~ 12.8）μm，平均 21.4 μm×9.1 μm（图 9-7）；具有 1 ~ 4 个分枝，2 ~ 8 个孢子长的链，通常有二次分枝（图 9-8）。分生孢子梗大小（9.8 ~ 100.5）μm×（2.6 ~ 4.7）μm，平均 40.1 μm×3.9 μm，3 ~ 5 个横隔膜、0 ~ 1 个纵隔膜。

以 *A. tomato*（CBS 103.30）为外类群构建 *Alt a 1*、*endoPG* 和 OPA10-2 的基因序列系统发育树，藜麦链格孢叶斑病菌与 14 株 *A. alternata* 聚为一支，支持率 77%。在 *A. alternata* 株系间，系统发育树表明 *A. alternata* 种内多样性。菌株 LGB-b 与 CBS 102599、CBS 102603、CBS 102602、CBS 102595、CBS 102604、CBS 119543、CBS 918.96 和 CBS 102596 聚类在一起，形成一个亚分支，支持率 87%；而菌株 LGB-h 与 CBS 194.86、CBS 121348、CBS 595.93、CBS 102598、CBS 118814 和 CBS 118818 聚为另一个亚分支，支持率 97%（图 9-9）。综合形态学特征、致病性测定及分子生物学分析结果，确定引起藜麦链格孢叶斑病的病原为链格孢（*A. alternata*）。

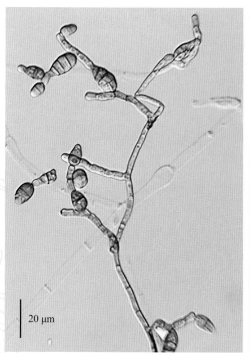
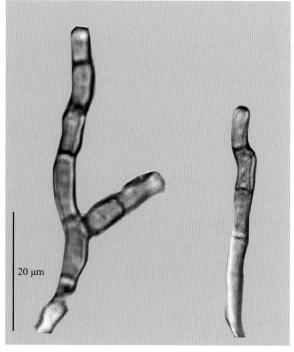

图 9-6 链格孢的分生孢子梗

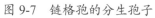

图 9-7 链格孢的分生孢子

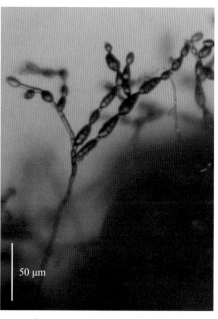

图 9-8 链格孢的分生孢子链

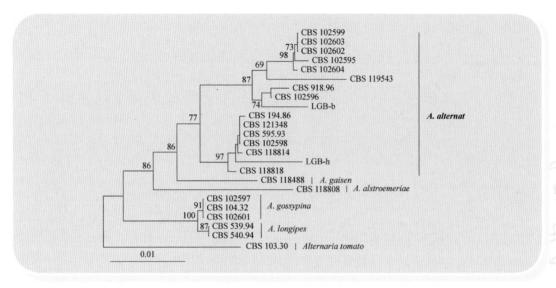

图 9-9 链格孢的系统发育树

四、发生规律

A. alternata 以菌丝体、分生孢子在病残体上或随病残体遗落在土壤中越冬，翌年分生孢子主要借气流、雨水等，经气孔、表皮伤口侵入。*A. alternata* 寄生性不强、但寄主广泛，在其他寄主上形成的分生孢子，也是藜麦链格孢叶斑病的初侵染和再侵染源。藜麦链格孢叶斑病通常在显序期到灌浆期发生，为害叶片造成圆形或近圆形病斑，严重时多个病斑易连接成一个大的不规则状斑，叶片枯黄易脱落。湿度 80% 以上，温度 20 ~ 25 ℃，阴雨天气容易造成病害流行。种植过密、基肥不足、重茬地、低洼地、大水漫灌或低洼积水、生长弱等，都有利于该病的发生与流行。

五、防治方法

农业防治： 种植抗病品种，加强田间管理，增施基肥，尤其是磷钾肥，合理密植、加强通风透光，避免叶面结露，防止空气湿度过大。

化学防治： 藜麦链格孢叶斑病发生时使用农药防治是必不可少的手段，优先选择登记药剂或各省（区、市）临时用药品种名录。发病初期可选用 70% 代森锰锌可湿性粉剂、75% 百菌清可湿性粉剂、50% 多菌灵可湿性粉剂、250 g/L 嘧菌酯悬浮剂、50% 啶酰菌胺水分散粒剂、70% 锰锌·百菌清可湿性粉剂、60% 唑醚·代森联水分散粒剂、10% 苯醚甲环唑水分散粒剂等喷雾防治，10 d 左右施药 1 次，连续防治 2 ~ 3 次。注意药剂的交替使用，避免病原菌产生抗药性。

第十章 藜麦其他病害

一、藜麦病毒病

藜麦病毒病于 2019 年在浙江省发现（Sun et al., 2021），症状为植株矮小（图 10-1）、叶片斑驳（图 10-2），主要依靠种子传播。藜麦病毒病由藜麦线粒体病毒（CqMV1）引起，藜麦线粒体病毒（CqMV1）属线粒体病毒科线粒体病毒属，是第一个被鉴定的植物线粒体病毒。藜麦线粒体病毒可以侵染不同藜麦品种。生产中采用以农业防治为主的综防措施，因地制宜选用抗病品种、实行 2 年以上轮作、选用无病毒种子等措施。播种前进行种子消毒处理，结合深翻；生长季合理施肥，增强藜麦植株的抗病力。

图 10-1　藜麦病毒病症状（Sun et al., 2021）　　图 10-2　藜麦病毒病叶片症状（Sun et al., 2021）

二、藜麦生理性死苗

藜麦生理性死苗发生在子叶期,主要是由于土壤板结、高低不平、土块过大、土壤悬空,造成根部水分供不应求,导致幼苗叶片萎蔫内卷,幼根卷曲、易拔起(图10-3)。严重时叶片失水,子叶变褐枯死或向下弯曲成"钓鱼钩"状。生产中主要采用选择地势平坦地块、耕地后镇压减少土壤悬空,来降低生理性死苗的发生。

图 10-3　藜麦生理性死苗症状

三、藜麦穗发芽

藜麦籽粒小,胚芽十分发达、种皮薄且易溶于水。成熟后遇雨极易发芽,穗发芽通常是雨后 1 ~ 2 d 发生,尤其是收获季节遇到阴雨天气,严重的地块穗发芽率达到 75% ~ 90%。穗发芽严重影响产量和品质,造成藜麦的收储困难以及商品藜麦的价格下降。生产中采用种植抗穗发芽品种、调整播期使得收获季节避开雨季、适时收获等措施防止藜麦穗发芽(图10-4)。

图 10-4　藜麦穗发芽

第二篇 藜麦虫害

第十一章 筒喙象

一、简介

筒喙象（*Lixus subtilis*）属于鞘翅目（Coleoptera）象甲科（Curculionidae）。筒喙象主要为害甜菜、苋菜、灰菜等。该害虫分布广泛，国外除了北非地区，从德国、黑山，到乌克兰、俄罗斯、白俄罗斯，再到东部的伊朗、叙利亚、日本等均有报道；国内主要分布在黑龙江、吉林、辽宁、北京、河北、内蒙古、山西、陕西、甘肃、新疆、上海、江苏、浙江、安徽、四川、湖南、江西等地。近几年，该害虫在山西和北京的藜麦种植区呈暴发态势，造成损失极其严重。

筒喙象系统发育分析时，以选择了半翅目蚜科的豌豆蚜（*Acyrthosiphon pisum*）作为外群，基于 13 种象甲科昆虫全线粒体基因组序列，构建系统进化树，将 13 种象甲科昆虫按照不同亚科分类。系统发育树结果均表明，筒喙象与象甲亚科（Curculioninae）及魔喙象亚科（Molytinae）聚为一支，这表明筒喙象与它们具有更近的亲缘关系（图 11-1）。

筒喙象线粒体基因组全长 15 223 bp（GenBank 登录号：MW413392），基因组包括 13 个 PCGs、21 个 tRNA 基因，其中缺少了 trnI 基因、2 个 rRNA 基因、1 段非编码控制区。N 链编码了 22 个基因，包括 9 个 PCGs、13 个 tRNA 基因；J 链包含 4 个 PCGs、8 个 tRNA 基因、2 个 rRNA 基因。在筒喙象线粒体基因组整个编码区的 36 个基因中（控制区除外），相邻基因之间存在基因间隔或基因重叠现象。基因间隔区有 11 处，共 53 bp，其中间隔最长为 18 bp，处于 trnS 和 nad1 之间；有 10 处基因重叠，共 45 bp，最长一处重叠位于 trnF 和 nad5 之间，长度为 17 bp（图 11-2）。

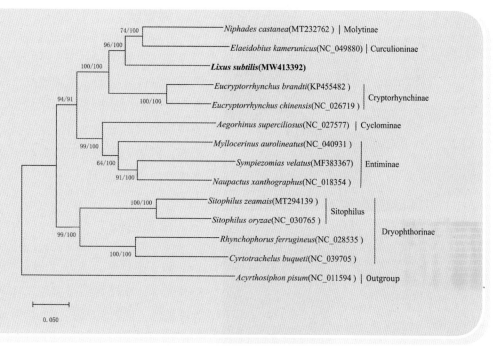

图 11-1 筒喙象系统发育树

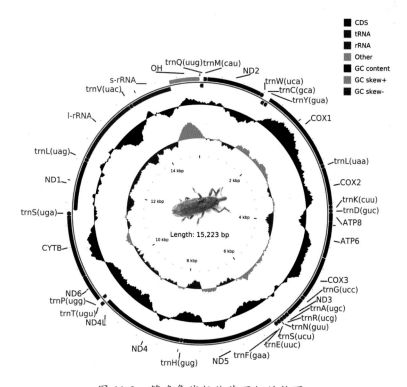

图 11-2 筒喙象线粒体基因组结构图

图 11-3

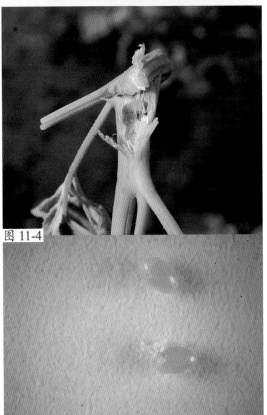

图 11-4

图 11-5

二、为害状

该虫主要为成虫在主茎和分枝上钻穴产卵，使叶片凋萎、果穗腐烂；幼虫在主茎和分枝的内部输导组织中蛀食，严重影响植株的营养运输，造成主茎风折、侧枝折断、籽实不饱满或形成瘪粒，致使藜麦严重减产（图 11-3）。

三、形态特征

卵：圆柱形，大小 1 mm × 0.6 mm，具有光泽，初产为淡橘黄色，即将孵化时为浅棕色，且前端出现小黑点（幼虫头部）（图 11-4）。

幼虫：初孵幼虫即可蛀食藜麦茎秆，且幼虫的整个发育期均在茎秆内取食为害。1 龄和 2 龄幼虫半透明，比较活跃，稍触即迅速扭动，平均体长分别为 1.8 mm 和 3.1 mm。3 龄和 4 龄幼虫乳白色，头部为淡棕黄色，明显较胴部颜色深，平均体长分别为 5.1 mm 和 9.6 mm。老熟幼虫体柔软，弯曲成 "C" 形，乳白色，多皱纹，体长平为 11.6 mm；头部发达，棕黄色；上颚发达，颜色略深；单眼 1 对；前胸背板骨化（图 11-5）。

图 11-3　筒喙象为害藜麦茎秆症状

图 11-4　筒喙象的卵

图 11-5　筒喙象的幼虫

蛹：蛹为裸蛹，长 10.5 mm、宽 2.9 mm，初期为乳白色，翅芽、足、喙及触角半透明，眼点浅棕褐色（图 11-6）；之后，头部和腹部背面渐变为浅棕黄色（图 11-7）。蛹室由食物残渣和粪便填成，每个蛹室仅有 1 头蛹。

成虫：初羽化成虫乳白色，喙、口器，前胸背板侧缘（图 11-8），以及足的腿节和胫节端部均为棕红色，复眼棕褐色（图 11-9），在茎秆中停留一段时间以后，体色渐变为棕褐色。筒喙象成虫体色多变，既有锈红色、棕褐色，也有黑褐色（图 11-10），身体修长，体长 9～12 mm，覆有灰色细毛，鞘翅背面具有不明显的灰色毛斑，腹部两侧亦散布有灰色或浅黄色毛斑。另外，田间观察还发现，处于交配期的虫，身体多为棕褐色。

图 11-6　筒喙象的蛹（初期）

图 11-7　筒喙象的蛹（后期）

图 11-8　筒喙象的成虫（初期）

图 11-9　筒喙象的成虫（中期）

图 11-10　筒喙象的成虫（后期）

四、生活史及习性

该虫每年发生 1 ～ 2 代，以成虫在背风向阳的堤埂或土缝中越冬，第 1 代幼虫发生数量最大，为害较重。在 5 月左右越冬代成虫陆续出土，5 月上旬至 6 月上旬成虫大量出现，并开始产卵，6 月中下旬为产卵盛期。卵期 4 ～ 6 d；幼虫共计 4 个龄期，其中 1 龄幼虫期 3 ～ 4 d，2 龄 6 ～ 9 d，3 龄 3 ～ 5 d，4 龄 3 ～ 4 d，整个幼虫期共计 15 ～ 22 d；蛹期 7 ～ 8 d，化蛹时间主要集中在 7 月 20 日前后；当年一代成虫 7 月中旬始见，7 月下旬为羽化盛期，8 月初第 1 代成虫取食为害最为集中。第 2 代发生数量远不及第 1 代，且发生不整齐。

春季越冬代成虫出土 2 ～ 4 d 后即可交配，且可以多次交配。6 月上旬越冬代成虫即可产卵，产卵前通常在作物茎秆上部咬成深洞，产卵后洞口外观光滑，周边褪绿形成粉红色或淡紫红色不规则长形斑纹，不久洞口形成菱形或椭圆形干裂褐色斑（图 11-11）；但到了 7 月中旬，洞口附近组织增生、膨大、干裂，受害茎秆极易折断。雌虫每 2 ～ 3 min 产 1 粒卵，一生可以产卵 50 ～ 100 粒，以中等粗细（4 ～ 6 mm）的茎秆上着卵最多；成虫寿命较长，可存活 40 ～ 60 d。1 龄和 2 龄幼虫主要在产卵孔附近取食；3 龄幼虫开始蛀食作物茎秆，或直接向下蛀食，或先向上再向下蛀食（图 11-12）；幼虫老熟后在作物茎秆下部化蛹，蛹室以食物残渣和粪便填充。成虫羽化后先在茎秆中停留数小时，方从羽化孔中爬出（图 11-13）。成虫具有假死性，畏惧强光，飞行能力不强。

图 11-11　筒喙象的产卵孔

图 11-12　筒喙象蛀茎为害

图 11-13　筒喙象羽化孔

五、防治方法

农业防治： 铲除并彻底销毁田边地头的杂草，尤其是藜麦田周边 100 m 以内的藜科、苋科、蓼科的杂草；适时冬耕冬灌，降低越冬成虫的虫口基数。

生物防治： 保护利用筒喙象卵寄生蜂，如姬蜂科种类对筒喙象的幼虫具有良好的控制作用。

化学防治： 一代成虫出现数量较多时，利用其产卵习性和假死习性，及时打药防治。可选用 4.5% 高效氯氰菊酯乳油或 20% 氯虫苯甲酰胺悬浮剂等药剂进行喷雾防治。

第十二章 藜麦根直斑蝇

一、简介

藜麦根直斑蝇（*Tetanops sintenisi*），也称为藜麦根蛆，属双翅目斑蝇科，该虫是一类重要的地下害虫，杂食性。国外仅有关于藜麦根直斑蝇发现的报道，1909 年在荷兰中部城市阿默斯福特的帚石南（*Calluna vulgaris*）上首次发现藜麦根直斑蝇，之后欧洲东部的乌克兰、芬兰、拉脱维亚、俄罗斯等地有分布的报道，2000 年以后在欧洲西部的波兰、德国、英国和比利时等地相继发现该物种。该虫为害寄主众多，已发现可为害百合科、葫芦科、藜科、菊科、十字花科和伞形科的蔬菜 30 多种。

2016 年藜麦根直斑蝇首次在山西省忻州市静乐县娘子神乡、赤泥洼乡、娑婆乡等藜麦地块被发现，当时以点片发生为主，调查地块 41 块，有 9 块发生藜麦根直斑蝇。虽然发生率较高（占调查地块 22%），但是为害较轻，产量损失不大。2017 年藜麦根直斑蝇发生面积骤增至 400 hm^2，包括娑婆乡、赤泥洼乡、康家会镇、堂尔上乡、辛村乡、王村乡、娘子神乡等一共 7 个乡镇，占种植面积的 33%，且为害较为严重。以山西省静乐县藜麦主产区娑婆乡（种植面积约 200 hm^2）为例，2016 年 7 月藜麦根直斑蝇发生面积 100 hm^2，在娑婆村、邀湖村、乔门村、下阳寨、范家沟藜麦田（3 亩）内采用 "Z" 形 5 点取土样（长 50 cm × 宽 50 cm × 深 30 cm），调查发现，藜麦根直斑蝇发生平均虫量 46.8 头，平均减产率 43.6%，其中邀湖村平均虫量 55.2 头，最高虫量 81 头，减产率 51%；2017 年 7 月藜麦根直斑蝇发生面积 160 hm^2，在上年地点继续调查发现，藜麦根直斑蝇发生平均虫量 90.5 头，平均减产率 87.8%，其中娑婆村平均虫量高达 109.6 头，最高虫量达 175 头，藜麦基本绝收。

藜麦根直斑蝇系统发育分析时，选择了膜翅目的 *Apis dorsata* 作为外群，与其同属芒角亚目及其他双翅目的共 48 种昆虫全线粒体基因组序列，构建系统进化树。系统发育树结果表明，斑蝇科与实蝇科聚为同一分支，这表明斑蝇科与实蝇科具有更近的亲缘关系（图 12-1）。

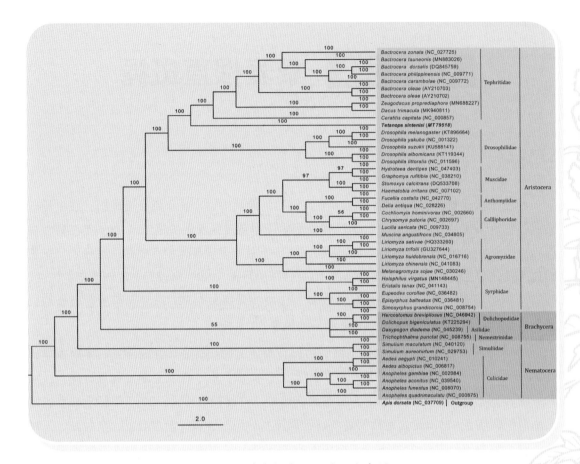

图 12-1　藜麦根直斑蝇系统发育树

　　藜麦根直斑蝇线粒体基因组全长 15 763 bp，基因组包括 13 个 PCGs、22 个 tRNA 基因、2 个 rRNA 基因、1 段非编码控制区。N 链编码了 23 个基因，包括 9 个蛋白质编码基因、14 个 tRNA 基因；J 链包含 4 个蛋白质编码基因、8 个 tRNA 基因、2 个 rRNA 基因。在藜麦根直斑蝇线粒体基因组整个编码区的 37 个基因中（控制区除外），相邻基因之间存在基因间隔或基因重叠现象。基因间隔区有 16 处，共 194 bp，其中间隔最长为 32 bp，处于 rrnL 和 trnV 之间；有 15 处基因重叠，共 75 bp，最长一处重叠位于 trnF 和 nad5 之间，长度为 20 bp。基因间隔区数量多于重叠区且长度上大多数长于重叠区（图 12-2）。

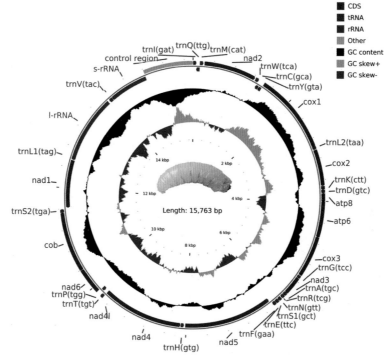

图 12-2　藜麦根直斑蝇线粒体基因组结构图

二、为害状

该虫主要以幼虫群集为害地下根部（图 12-3 和图 12-4）。在啃食寄主根部后，会引起寄主根表皮有褐色斑点疤痕。若啃食根尖，会导致主根分叉。啃食严重时，导致寄主根部严重畸形。受害寄主地上叶片由外部向内变黄、萎蔫，植株生长缓慢，甚至整株枯死（图 12-5）。在根腐病发生的田块，根腐病菌会从寄主根部伤口侵入，加速寄主枯萎或死亡。

图 12-3　藜麦根直斑蝇为害藜麦根系症状

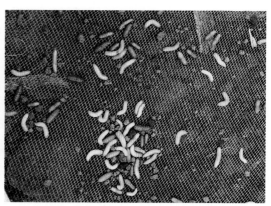

图 12-4　藜麦根直斑蝇田间幼虫

图 12-5 藜麦根直斑蝇田间为害状

三、形态特征

卵：体长 1 mm，白色或乳白色，梭形，稍有弯曲（图 12-6）。

幼虫：体长 8 ~ 10 mm，白色，蛆形，头部呈圆锥形；老熟幼虫表面坚韧，尾节末端有突刺 1 对（图 12-7 和图 12-8）。

蛹：体长 7 ~ 9 mm，呈茧形，初期黄色，后变棕褐色（图 12-9）。

成虫：体长 6 ~ 9 mm，翅展 11 ~ 13 mm，表面外观与家蝇类似，体黑色，有光泽，无明显条纹或鬃毛。翅透明，前翅的亚前缘脉距体 1/3 处有一块褐色斑纹（此为该物种鉴定特征）。雄蝇腹部末端黑色、圆形（图 12-10），雌蝇腹部末端黑深橙色、尖状，末端有较长的产卵器（图 12-11）。

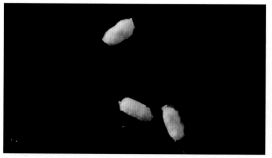

图 12-6 藜麦根直斑蝇卵

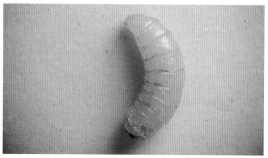

图 12-7 藜麦根直斑蝇幼虫

图 12-8 藜麦根直斑蝇卵和幼虫

图 12-9 藜麦根直斑蝇蛹

图 12-10 藜麦根直斑蝇雄成虫

图 12-11 藜麦根直斑蝇雌成虫

四、生活史及习性

该虫一年发生 1 ~ 2 代。以老熟幼虫在土壤中越冬，越冬深度为 30 ~ 35 cm。随着翌年春季气温回升，幼虫开始向土壤表层移动，在距离土表 7 ~ 10 cm 处化蛹，时间为 4 月下旬至 5 月上旬。在 5 月下旬或 6 月上旬开始羽化，6 月中旬为羽化盛期，羽化期持续时间约 1 个月。此期间大量成虫产卵。成虫飞行能力较弱，仅限于局部扩散。此时，成虫可以从上年发生地块向四周未发生地块迁移。成虫飞行时间主要为 10—17 时，12—13 时达到活动高峰。在温暖无风的情况下，成虫活动明显增加；而在凉爽多风或低温潮湿的情况下，成虫飞行显著减少，多停留于地表。雌蝇产卵多集中在寄主根部表层或根际土壤表层。雌蝇一生中可产卵超过 100 粒。6 月中下旬为幼虫孵化盛期，主要为害期为 6—7 月。

初孵幼虫常集中在一株寄主根部取食，聚集在植株根际附近取食根毛，蛀入浅皮层。在干燥的土壤中，幼虫存活率大大降低。9月初随地温下降，老熟幼虫开始向土壤下层活动，越冬到翌年的4月中下旬。

五、防治方法

农业防治： 采用深翻覆膜，破坏老熟幼虫的越冬场所，抑制其生存和繁殖，而且覆膜后可以防止成虫在根茎部产卵（图12-12）；曾发生虫害地区或地块，可采用纸筒育苗移栽或高垄栽培，减轻其为害。

物理防治： 在成虫发生期可采用糖醋液诱杀成虫。以糖：醋：水为1∶1∶2.5的比例配制糖醋液，加少量敌百虫拌匀。诱蝇器用大碗，先放少量锯末，然后倒入糖醋液加盖，每天在成蝇日间活动时（10—18时）开盖，并注意随时添补。

化学防治： 越冬代成虫羽化高峰10 d内，可选用2.5%溴氰菊酯可湿性粉剂、10%溴氰菊酯·马拉硫磷乳油、20%氯氟氰菊酯·马拉硫磷乳油等药剂进行喷雾防治；也可采用50%辛硫磷乳油配制毒土进行防治。

图12-12　藜麦覆膜种植

第十三章 小 长 蝽

一、简介

小长蝽（*Nysius ericae*）属半翅目长蝽科小长蝽属。小长蝽主要以成虫和若虫群集为害，主要有桑树、猕猴桃、树莓、水稻、烟草、鸡冠花和菊花等。小长蝽主要分布在中国、俄罗斯、土耳其等国家，以及欧洲和北非等部分地区。近几年，该虫害在山西省忻州市藜麦种植区常年发生，且为害较重。

小长蝽系统发育分析时，以膜翅目的排蜂（*Apis dorsata*）作为外群，基于 12 种长蝽总科昆虫全线粒体基因组序列，构建系统进化树。结果显示长蝽总科中的小长蝽与 *N. plebeius* 的亲缘关系更近（图 13-1）。

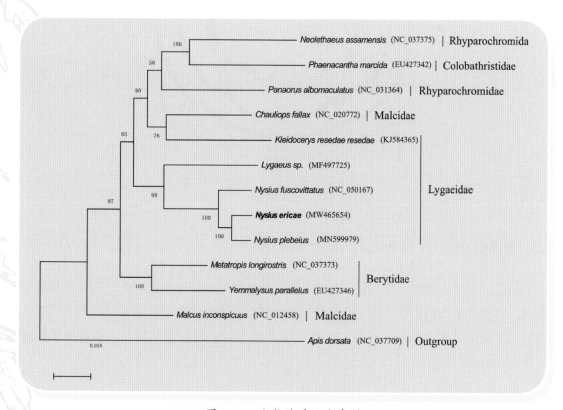

图 13-1　小长蝽系统发育树

小长蝽线粒体基因组全长 16 330 bp，该序列已提交 GenBank 数据库，序列号为 MW465654。其全基因组包括 13 个 PCGs、22 个 tRNA 基因、1 段非编码控制区。N 链编码了 23 个基因，包括 9 个蛋白质编码基因、14 个 tRNA 基因；J 链包含 4 个蛋白质编码基因、8 个 tRNA 基因、2 个 rRNA 基因。在小长蝽线粒体基因组整个编码区的 37 个基因中（控制区除外），相邻基因之间存在基因间隔或基因重叠现象。基因间隔区有 10 处，共 105 bp，其中间隔最长为 68 bp，处于 trnH 和 nad4 之间；有 17 处基因重叠，共 140 bp，最长一处重叠位于 trnL1 和 rrnL 之间，长度为 42 bp（图 13-2）。

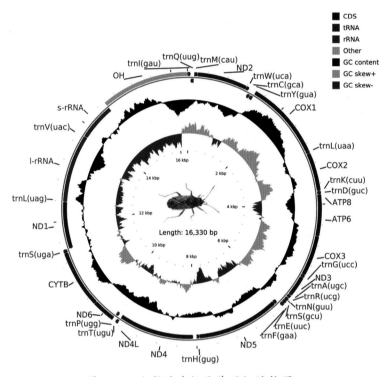

图 13-2 小长蝽线粒体基因组结构图

二、为害状

该虫以成虫在杂草丛中越冬，4 月下旬至 6 月中旬是若虫大量发生时期，若虫以刺吸式口器吸食植株蕾、花、穗、幼果及新梢、嫩叶的养分和水分，造成植株生长不良、落蕾、落花、落果、穗枯死脱落，叶片出现焦黄白斑，甚至黄化卷曲，以致枯萎脱落（图 13-3）。

图 13-3　小长蝽为害藜麦穗症状

三、形态特征

卵：长椭圆形，长 0.68 ~ 0.71 mm，宽 0.32 ~ 0.35 mm。初为乳白色，后渐变为淡黄棕色，孵化前为黄棕色，近假卵盖处为褐色。卵壳上有 6 条纵脊线。

若虫：共 5 龄。1 龄若虫体长 0.8 ~ 1.2 mm，长卵圆形。头、前胸、中胸浅灰棕色，后胸、腹部橘黄色。胸部背面中央有 1 条淡黄色纵纹。

成虫：体长 3.9 ~ 4.8 mm，宽 1.4 ~ 1.7 mm，略呈长方形。雌虫褐色，雄虫黑褐色。头三角形，有黑色颗粒。触角密生灰白色绒毛。前胸背板略呈方形，前部密布黑色粗颗粒，后胸与小盾片上有黑色刻点。前翅革质部密布灰白色短绒毛，末端有 1 个黑色斑纹；膜质部灰白，透明，上有 5 条纵脉，无翅室。雌虫腹面暗褐色，雄虫黑色。

四、生活史及习性

该虫 1 年发生 1 代。10 ℃时卵和幼虫不能发育，而成虫能发育。5 龄幼虫在 10 ℃下可存活 145 d，成虫至少可存活 100 d。温度≤ 15 ℃该虫不能完成生活史。在 15 ~ 30 ℃，

5 龄幼虫发育历期明显长于其他龄期幼虫。20 ℃是卵孵化和幼虫、成虫成活的最适宜温度。在 15 ～ 30 ℃的条件下，各虫态的生长率随着温度增长而上升。低于 12.3 ℃不能交配，低于 16.8 ℃不能产卵。该虫可以在温带和热带地区建立种群，平均温度 20 ～ 30 ℃适合种群的快速建立。以滞育成虫成群在蔬菜残叶、金雀花篱笆、松树皮和杂草丛下越冬。天气稍一变暖，即可快速完成生活史。

五、防治方法

农业防治：及时清洁园地，铲除园地周围、田埂和园内杂草，消灭小长蝽的活动场所和野生寄主，减少虫源。

生物防治：该虫不仅寄生于大田中的杂草，还寄生于撂荒地及路边的杂草，因此控制非常难，虽然草蛉和瓢虫也是潜在的捕食者，但目前只有紫翅椋鸟用于生物防治该虫的报道。

化学防治：可选用 40% 氧乐果乳油、10% 吡虫啉可湿性粉剂、4.5% 高效氯氰菊酯乳油等药剂进行喷雾防治。

第十四章　甜菜龟叶甲

一、简介

甜菜龟叶甲（*Cassida nebulosa*）又称为甜菜大龟甲，属于鞘翅目（Coleoptera）叶甲总科（Chrysomeloidea）铁甲科（Hlspidae）龟甲亚科（Cassidinae）龟甲属（*Cassida*）龟甲亚属（*Nebulosa*）。甜菜龟叶甲是甜菜、菠菜的一种主要虫害，也可以苋科藜科属杂草为食；国外主要分布在北欧的丹麦、芬兰、瑞典、荷兰等国家，国内主要分布在内蒙古、黑龙江查哈阳、新疆伊犁等地区。据记载，2007 年丹麦日德兰半岛首次发现该虫严重为害藜麦。国内截至目前，仅有利用藜科杂草防治甜菜龟叶甲的报道，尚无甜菜龟叶甲为害藜麦相关报道。

近几年来，随着国际市场对藜麦的需求剧增，我国山西、内蒙古、青海、河北等地开始大面积种植藜麦。山西北部地区，如静乐县、宁武县、朔州市等，位于晋西北黄土高原，气候凉爽，适宜藜麦生长，也是我国藜麦的主要产区之一。随着藜麦的扩大化、规模化、连作化种植，其虫害为害种类多样，且为害程度日趋加重。2018 年 5—9 月，在山西省北部藜麦虫害调研时发现，朔州市平鲁区凤凰城镇大野庄村甜菜龟叶甲严重为害藜麦，发生面积达 20 hm^2，占藜麦全部种植面积的 85%。

二、为害状

该虫主要以成虫、幼虫取食藜麦叶片。成虫咬食叶片形成空洞（图 14-1 和图 14-2），幼虫在叶背表面下叶脉间取食叶肉，叶面形成筛网状，幼虫有聚集为害的特性（图 14-3 和图 14-4）。

三、形态特征

卵：体长 1 ~ 3 mm，体呈长椭圆形，初期为淡黄色，后变为橙黄色；卵粒聚集形成卵块，整齐排列在叶片或叶背部，卵块初期附有黏液，之后凝结为半透明薄膜（图 14-5）。

幼虫：体长 6 ~ 8 mm，体扁平且宽，头宽尾细，体初期为淡绿色，后变为黄绿色；体两侧生有 17 对小刺，离尾部最近的 1 对最长（图 14-6）。

　　蛹：体长 6 ~ 8 mm，体扁平，头宽尾窄，体初期为淡绿色，后变为黄绿色；体两侧有凸起物（图 14-7）。

　　成虫：体长 7 ~ 8 mm，体扁平呈椭圆形，初期为淡绿色，后变为褐黄色；前胸背板和鞘翅较宽为盾形，头部隐藏于前胸背板下面，鞘翅上有不规则黑斑，且排列成纵列沟约 9 行，足藏于体下（图 14-8）。

图 14-1

图 14-2

图 14-3

图 14-5

图 14-4

图 14-1　龟叶甲成虫为害状

图 14-2　龟叶甲成虫取食

图 14-3　龟叶甲幼虫为害状

图 14-4　龟叶甲幼虫取食

图 14-5　龟叶甲卵

图 14-6

图 14-7

图 14-6　龟叶甲幼虫

图 14-7　龟叶甲蛹

图 14-8　龟叶甲成虫

图 14-8

四、生活史及习性

　　该虫一般 1 年发生 2 代。越冬代成虫在 5 月下旬至 6 月上旬开始活动，成虫出现 7 d 后交配产卵（图 14-9），产卵期 10 ～ 15 d；成虫多产卵块于藜麦中、下层叶片上。每天产 1 个卵块，少数可产 2 个卵块；每卵块有 8 ～ 15 粒卵，整齐排列；卵期 5 d 左右。初孵幼虫移动能力较弱，取食叶表面下叶脉间叶肉，幼虫期 20 d 左右。老熟幼虫在叶面上化蛹，蛹期 5 d 左右。在 7 月上中旬，蛹大量羽化后出现第 1 代成虫。成虫大量取食叶片，达到为害高峰期；成虫飞翔能力弱，主要靠爬行迁移，成虫取食约 10 d 后产卵。第 2 代成虫在 9 月上旬出现，但为害较小，不再交配产卵，并在残株或杂草下越冬。此外，甜菜龟叶甲成虫多在藜麦叶背面产卵，此时正是藜麦生长旺盛期，叶丛繁茂、叶片生长快，产卵部位隐蔽，且幼虫一般在叶背面取食。

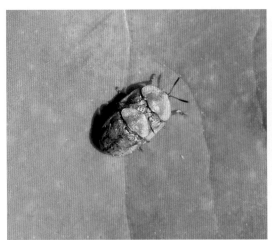

图 14-9　龟叶甲交配

五、防治方法

农业防治：及时清除田间杂草，特别是清除甜菜龟叶甲的寄主滨藜、灰菜等藜科杂草；及时处理作物残余物，减少成虫越冬的场所；由于幼虫具有假死性，因此，严重时可进行人工捕捉。

化学防治：甜菜龟叶甲幼虫时食量小，抗药力弱，幼虫大发生时应及时用药防治。可选用 0.5% 苦参碱水剂、4.5% 高效氯氰菊酯乳油或 5% 啶虫脒乳油等药剂进行喷雾防治。

第十五章 中华绢蛾

一、简介

中华绢蛾（*Scythris sinensis*）属鳞翅目绢蛾科，又称四点绢蛾、藜中华绢蛾等。是一种小型蛾类，在我国广泛分布于甘肃、河北、河南、辽宁、陕西、天津、山西、新疆等地，除我国外，在德国、英国、韩国、日本、俄罗斯等也常有发生。近几年，该虫害在山西省忻州市静乐县藜麦种植区偶有发生，为害较轻。

二、为害状

该虫食性较为专一，主要以藜科植物为食，包括藜、滨藜、小藜等。通常以老熟幼虫在植株叶片取食为害（图 15-1），也可在叶片处拉丝结网（图 15-2），严重时常使藜科植物数量大幅下降。

图 15-1

图 15-2

图 15-1 中华绢蛾幼虫取食为害

图 15-2 中华绢蛾幼虫为害状

三、形态特征

幼虫：体长 8 ～ 12 mm，腹部正面为黄棕色（图 15-3）。

蛹：体长 5 ～ 8 mm，深褐色，外被丝茧极薄如网，两端通透（图 15-4）。

成虫：翅 12 ～ 17 mm，体长 7 ～ 9 mm，体形呈纺锤形，体色为黑色或黑褐色，头部扁平，触角呈丝状，体表密被灰色短毛，前翅膜质，呈深褐色，在 1/3 处和 2/3 处各有一亮黄色斑点，故又称四点绢蛾，后翅呈披针状。黑褐色腹部正面为黄棕色，第 8 腹节后缘内侧有一折叠的压痕。雌性尾端呈圆形端口，腹缘硬化，产卵瓣为一不均匀的圆形板。雄性成虫尾部向下弯曲，在靠近基部的腹侧形成一个直角，远侧逐渐变细。蛹呈茧形，棕褐色（图 15-5）。

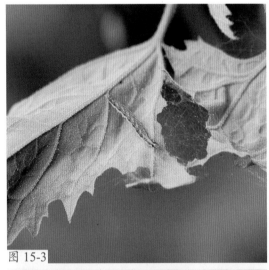

图 15-3

图 15-4

图 15-5

图 15-3　中华绢蛾幼虫

图 15-4　中华绢蛾蛹

图 15-5　中华绢蛾成虫

四、生活史及习性

该虫1年3代，以蛹过冬，春季气温回升，越冬蛹开始羽化，蛹期9～10 d，成虫期6～10 d，在5月产卵，卵期7～8 d，6月至7月上旬为羽化盛期，幼虫期约20 d，入秋后老熟幼虫作蛹，在密茧中越冬。中华绢蛾通常以藜科植物为寄主，在植物顶部的幼叶中生活，取食叶片，1～2龄幼虫具有群居性，3龄之后开始独立生活。此外，成虫还具有较强的迁飞性等习性。

五、防治方法

由于该虫食性专一，主要以藜科植物为食，很少为害小麦、玉米等农作物及蔬菜、花卉等经济作物，因此可用来防治农田草害。近年来有关于该虫为害藜麦的记录，由于国内外鲜有关于该虫的记录，所以可参考其他麦蛾总科昆虫防治方式来防治中华绢蛾。

化学防治：中华绢蛾主要取食藜科植物，通常以老熟幼虫在植物顶部的幼叶中生活，在植株叶片取食为害，可在叶片处拉丝结网。可选用24%甲氧虫酰肼悬浮剂、20 g/L氯虫苯甲酰胺悬浮剂、10%氟啶虫酰胺水分散粒剂等药剂进行喷雾防治。

第十六章 小地老虎

一、简介

小地老虎（*Agrotis ipsilon*）属鳞翅目夜蛾科，别名土蚕、地蚕、夜盗虫、切根虫等，小地老虎在我国各地均有分布。小地老虎食性广泛，豆科、十字花科、茄科、百合科、葫芦科，菠菜、莴苣、茴香等 106 种作物均有为害记录。近几年，在山西省忻州市静乐县发现小地老虎严重为害藜麦。

二、为害状

该虫主要以幼虫为害作物幼苗、根部，低龄幼虫取食作物地上部分嫩苗、子叶、嫩叶等部位，造成孔洞、缺刻等症状，中老龄幼虫还可为害植物肉质根，引起作物整株死亡，严重时还可造成缺苗断垄，直接影响产量。

三、形态特征

卵：卵呈馒头形，直径 0.61 mm 左右，卵表面布有纵横交错的隆线，在发育过程中，卵的颜色发生由乳白色到淡黄色再到黑褐色的变化。

幼虫：老熟幼虫体长 37 ~ 47 mm，头部为黄褐色，身体背侧呈黑褐色，背部粗糙，分布有许多大小不等的黑色颗粒，腹部分节为 1 ~ 8 节，每节背侧各有 4 个毛片。腹部末端肛门处臀板呈黄褐色，对称分布 2 条深褐色纵纹（图 16-1 和图 16-2）。

蛹：蛹长 18 ~ 24 mm，蛹体呈纺锤形，为红褐色或暗红褐色，背面较腹面大且色深，在尾段具短棘 1 对（图 16-3 和图 16-4）。

成虫：体长 16 ~ 23 mm，翅展 42 ~ 54 mm，雌性成虫触角呈丝状，头、胸部背面及前翅均呈黑褐色，腹部背面为褐色，后翅呈淡灰白色，翅脉及外缘呈黑褐色。在前翅中央有一肾形斑，在肾形斑外侧有一尖端朝外的褐色长楔形板，在前翅外缘有 2 个尖端向内的黑褐色楔形斑，三斑尖端相对，是小地老虎最显著的特征，可作为辨别其种类的依据。

图 16-1 小地老虎幼虫

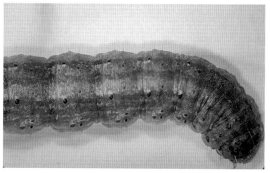

图 16-2 小地老虎幼虫（局部）

图 16-3 小地老虎蛹（腹面）

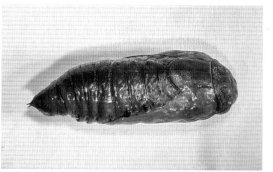

图 16-4 小地老虎蛹（背面）

四、生活史及习性

该虫生活史包括卵、幼虫、蛹、成虫 4 个阶段。通常以老熟幼虫在 3 ~ 17 cm 处土壤中越冬，翌年 4 月，越冬幼虫爬至土层 3 ~ 5 cm 处化蛹，5 月羽化为成虫，之后交配、产卵，产生第 1 代幼虫。雌性成虫通常产卵于杂草、作物幼苗上，产卵量可达 800 ~ 1 000 粒，之后迅速孵化，5 d 左右即可发育为幼虫。

小地老虎成虫通常昼伏夜出，白天潜伏于杂草丛、屋檐、石缝等隐蔽处，傍晚开始活动，在 19—22 时活动最盛；成虫具有趋光性和趋化性，对糖蜜和黑光灯具有强烈趋性；此外，地老虎成虫还具有远距离迁飞习性，迁飞能力强，春季，由低纬度地区向高纬度地区迁飞，迁飞距离可达 1 000 km 以上。

五、防治方法

农业防治：秋冬季作物收获后，深耕土壤，可杀死大量土中幼虫和蛹；在产卵和孵化盛期，及时清洁田园，铲除田间杂草，可减少产卵量并消灭部分幼虫；适时早播，错开幼虫为害盛期；有条件的田块可采用灌水法淹杀幼虫。

物理防治：利用成虫趋光性，在成虫羽化盛期，将黑光灯置于夜晚田间，诱杀成虫；利用成虫趋化性，制成糖醋液，加入少量敌百虫等药剂，在傍晚置于田间，天亮时加盖防止蒸发，可有效诱杀地老虎幼虫，也可以发酵变酸的胡萝卜、烂水果等混合适量药剂替代糖醋液。

生物防治：地老虎天敌种类众多，可利用姬蜂科、茧蜂科、小蜂科、螳螂科、蟋蟀科、虎甲科、步甲科等防治。

化学防治：化学防治应掌握防治时机，在地老虎幼虫 3 龄之前，尚未入土时，防治效果最佳，可选用 2.5% 溴氰菊酯乳油、20% 氰戊菊酯乳油、50% 辛硫磷乳油喷施地面或选用 50% 辛硫磷乳油、2.5% 溴氰菊酯乳油拌成毒土进行防治。

第十七章 金 针 虫

一、简介

金针虫属鞘翅目叩甲科幼虫的简称，俗称铁条虫、铁丝虫、节节虫等。这是一类分布广泛的地下害虫，该虫种类繁多。近几年，金针虫在山西省忻州市静乐县麦种植区为害日益加重，主要是沟金针虫（*Pleonomus canaliculatus*）与细胸金针虫（*Agriotes fuscicollis*）。金针虫食性广，对多种植物包括马铃薯、胡萝卜、小麦、玉米、高粱、棉花等多种农作物皆有为害。

二、为害状

该虫喜食刚播下的种子和刚发芽的幼苗，使其无法正常发育，此外，还对植株地下部分造成为害，常为害植物主根、肉质根等部位，造成幼苗无法正常生长甚至因根部损伤而导致幼苗枯死，严重时会导致大田及温室缺苗断垄，影响农业生产。

三、形态特征

金针虫成虫身体狭长，两端平行，前胸背板后角突起成尖刺状，腹板突起成长刺状，可以伸入中胸腹板上形成的凹形小窝，成虫被捕捉时，头部可上下活动，形似叩头，故称叩头甲，背面着地时可反弹跃起。幼虫细长，呈金黄色至黄褐色，故称金针虫，胸部4节，腹部10节，有尾突（图17-1）。

图 17-1 金针虫

1. 沟金针虫

卵：卵长约 0.7 mm，宽约 0.6 mm，为乳白色椭圆形球体。

幼虫：老熟幼虫体长 20 ～ 30 mm，初孵时呈乳白色，头部呈黄色，后逐渐变为黄色，头部及尾部为褐色，胸背部到第 10 腹节背面有一纵沟，故名为沟金针虫。尾部末端分叉，向上弯曲，每个分叉内着生一小齿。

蛹：蛹长 15 ～ 20 mm，雄蛹略大于雌性，呈纺锤形，颜色由墨绿色逐渐变为深褐色。

成虫：体长 14 ～ 17 mm，宽 3.5 ～ 5 mm，体细长扁平，一般为深褐色，少数个体呈深红色，全身披有金黄色刚毛，头部与口器呈褐色，较扁平，头部有三角形凹陷，前额密布刻点，触角呈丝状，长度可达体长的 2/3，雄性成虫触角较雌性长，前胸背板上有一对纵沟，尾部分叉，并略微上翘。

2. 细胸金针虫

卵：为乳白色球形，直径 0.5 ～ 0.7 mm。

幼虫：通体呈亮黄色，体形细长，老熟幼虫体长约 32 mm，宽约 1.5 mm，头部及口器呈深褐色，头部扁平，第 1 胸节较长，第 2、第 3 胸节及腹节几乎等长，尾端呈圆锥形，尾部顶端有一圆形突起，尾部两端各有一褐色圆斑及 4 条褐色纵纹。

蛹：蛹体呈纺锤形，长 8 ～ 9 mm，接近于成虫体长，通体呈暗黄色。

成虫：体长 8 ～ 9 mm，雄性略小于雌性，体形细长且扁平，全身密被灰黄色刚毛，且有光泽，通体呈黑褐色，前翅、触角等部位为红褐色。触角呈锯齿状，一般可到胸部前缘，雌性胸部背板后缘有一明显隆起，前翅呈披针状，基部较宽，向尾部逐渐变窄。

四、生活史及习性

该虫以幼虫在土中越冬，越冬深度与土壤温湿度以及虫态等条件有关，一般越冬深度 20 ～ 85 cm。因生活周期长，各虫态发育时间差异，导致该虫世代交替现象极为严重。

沟金针虫 2 ～ 3 年 1 代，春季气温回升开始活动，每年 3 月中旬至 4 月上旬为活动盛期，该虫一般昼伏夜出，白天多潜伏于土中，夜间爬出活动、取食、交尾、产卵，卵期 30 d 左右，5 月初卵开始孵化。老熟幼虫一般在 8—9 月在地下 13 ～ 20 cm 处做土室化蛹，9 月初开始羽化，成虫当年一般不出土，于翌年春季出土活动。

细胸金针虫一般 2 ～ 3 年 1 代，翌年 4 月开始活动，成虫昼伏夜出，白天潜伏在寄主附近的土中，夜间开始活动。7 月初开始产卵，卵历期 8 ～ 21 d，老熟幼虫一般于地下

7 ～ 10 cm 处做土室化蛹，蛹期 20 d 左右，6 月中下旬为羽化盛期，成虫活动能力强，羽化后可迁移到别处为害。

金针虫一般随土壤温度湿度变化而在土层中上下移动，当温度适合时上移到表土层为害，每年表现为春、秋 2 个为害高峰，夏季、冬季温度不适于活动时则向下移动，土温合适时，为害时间延长。金针虫雄虫飞行能力较强，有趋光性。金针虫一般都具有喜湿性，喜欢在潮湿温润的土壤中活动，春季雨水适宜，土壤墒情好，为害加重。此外，金针虫成虫还具有假死性、趋腐性等习性。

五、防治方法

农业防治：精耕细作、合理间作、秋季深翻土壤、春季即使清除杂草，可减少越冬害虫的数量，并破坏其越冬环境；合理施肥，避免使用未腐熟的农家肥，可减少虫卵数量；加强田间管理，及时清除田间杂草等，减少害虫食物来源也可减轻虫害。

物理防治：利用金针虫成虫的趋光性，可使用黑光灯捕杀成虫；金针虫成虫具有趋腐性，对枯萎腐败的杂草具有强力趋性，因此可在田间地头堆草诱杀金针虫；金针虫成虫对羊粪具有趋避性，可利用羊粪，驱杀金针虫。

生物防治：可利用信息素对金针虫进行诱杀；也可利用生物药剂绿僵菌、白僵菌等病原微生物进行防治。

化学防治：种子处理，可选用 10% 高效氯氟氰菊酯种子处理微囊悬浮剂、70% 噻虫嗪种子处理可分散粉剂、600 g/L 噻虫胺·吡虫啉种子处理悬浮剂等药剂进行拌种；毒土毒杀，可用 50% 的辛硫磷乳油、25% 吡虫·毒死蜱微囊悬浮剂等药剂配制毒土；根部灌药，幼苗发芽时，可选用 50% 辛硫磷乳油、20% 毒死蜱微囊悬浮剂等药剂进行防治。

第十八章 蝼蛄

一、简介

蝼蛄属直翅目蟋蟀总科蝼蛄科，俗称土狗、拉拉蛄、拉地蛄等，是我国常见的地下害虫之一。近几年，蝼蛄在山西省忻州市静乐县藜麦种植区为害日益加重，主要是华北蝼蛄（*Gryllotalpa unispina*）。蝼蛄食性极广，是一种杂食性昆虫，可对多种经济作物、设施蔬菜、园林苗木等植物造成为害。

二、为害状

该虫营地下生活，喜食新发芽的种子、嫩苗及幼根，致使植株地下部分成丝缕状残缺，造成植株营养不良，发育迟缓，严重时常造成植株枯死，甚至缺苗断垄，此外，蝼蛄常在土壤表土层活动，在地下形成隧道，使得植株根部与土壤分离，造成植株失水枯死。

三、形态特征

卵： 呈椭圆形，初产时呈黄白色，孵化前呈黑褐色。

若虫： 与成虫相似，初孵化时呈乳白色，后颜色逐渐加深，5龄后与成虫基本相似。

成虫： 体长 15 ~ 50 mm，雌虫略大，整体呈黄褐色或黑褐色，胸板背侧中央有一个暗红色心脏形斑，略微凹陷而不明显，后足胫节有棘一个或者消失（图18-1）。

图 18-1　华北蝼蛄成虫（于洪春　拍摄）

四、生活史及习性

该虫约 1 年 1 代，每年 10 月中下旬至翌年 3 月上旬为越冬阶段，以成虫或若虫在冻土层之下越冬，入土深度可达 120 ~ 150 cm，翌年 3 月至 4 月中下旬，当 10 cm 深土壤温度上升到 8 ℃左右时，为苏醒阶段，此时越冬害虫上升至表土层为害，在地表可见长约 10 cm 的虚土隧道，造成植株与土壤分离，4 月中旬至 5 月上旬，地表出现大量虚土隧道，表明此时开始出窝迁移，5 月上旬，蝼蛄开始大量进食，为交尾产卵储备能量，此时达到为害盛期，6 月上旬至 8 月上旬，为越夏产卵阶段，雌性成虫钻入土中 30 ~ 40 cm 处产卵，8 月下旬至 9 月，为秋季为害阶段，为越冬储备能量，因此需要大量摄入食物，此时为一年中第 2 次为害高峰。

该虫一般昼伏夜出，在夜间活动，但当气温、湿度适宜时，也有少量蝼蛄白天活动，蝼蛄具有喜湿性，闷热潮湿的夏季夜晚，一般都会有蝼蛄大量活动，当环境干旱时，活动少，为害轻，此外蝼蛄还具有趋光性、趋化性、趋粪性等趋性，对黑光灯有强烈的趋性。

五、防治方法

农业防治：秋季收获期后，深耕翻地，将向下迁移的地下害虫翻出土地，破坏其越冬环境，有条件可大水浇地，迫使害虫向上迁移，可使深耕效果更佳；以农家肥作为底肥时，一定要充分腐熟，可减少害虫产卵量。

物理防治：利用蝼蛄对黑光灯、频振式诱虫灯的趋性，诱杀成虫；利用蝼蛄对粪便的趋性，在田间挖坑放入新鲜牛羊粪等粪便，诱捕蝼蛄，人工灭虫。

化学防治：毒饵诱杀，可选用 20% 毒死蜱微囊悬浮剂等药剂，拌于饵料中，于傍晚均匀撒在田间；毒土毒杀，可选用 50% 辛硫磷乳油或 25% 吡虫·毒死蜱微囊悬浮剂等药剂配制毒土；药剂拌种，可选用 50% 辛硫磷乳油或 50% 二嗪磷乳油等药剂进行拌种防治。

第十九章　蛴　　螬

一、简介

蛴螬属鞘翅目金龟总科，俗称土蚕、白玉蚕、核桃虫、鸡姆虫等，是金龟子或金龟甲（*Holotrichia* sp.）幼虫的总称。蛴螬是地下害虫类群中分布最为广泛，为害最为严重的种类之一，是世界性的地下害虫，在我国分布极为广泛。蛴螬食性广泛，对多种农作物、经济作物及苗木花卉等均有为害。近几年，蛴螬在山西省忻州市与朔州市藜麦种植区为害日益加重。

二、为害状

该虫为害以幼虫为主，幼虫取食植株地下部分，喜食刚播下的种子、幼苗、块茎及肉质根等部，使植株发育缓慢，营养缺失，轻则造成缺苗断垄，重则颗粒无收（图 19-1）。

图 19-1　蛴螬

三、形态特征

幼虫：体长 35 ~ 45 mm，呈竹筒状，常弯曲为马蹄状，一般为白色或乳白色，头部呈黄褐色，胸部具 3 对胸足，体表多具皱纹（图 19-2）。

蛹：体长 21 ~ 24 mm，为椭圆形，初期呈白色，逐渐转为黄褐色，尾部有一节突起。

成虫：一般体长 16 ~ 21 mm，通体褐色至黑褐色，具光泽，呈长椭圆形，腹

图 19-2　金龟子

部 6 节，背面只有最后一节露出，鞘翅长度约为背板长度的 2 倍，上有 4 条纵隆起线。

四、生活史及习性

　　该虫通常 2 年 1 代，以幼虫和成虫交替在土壤中越冬，蛴螬发育为完全变态发育，一生经卵、幼虫、蛹及成虫 4 个阶段，越冬成虫于每年 4 月下旬至 5 月上旬开始活动，于 5 月下旬至 7 月达到活动盛期。越冬幼虫于每年 4 月上旬开始活动为害，于 5 月中下旬达到活动盛期，老龄幼虫于 5 月下旬开始羽化，蛹期 15 d 左右。成虫交尾 10 ~ 15 d 后产卵，7 月下旬、8 月初为卵孵化盛期。

　　该虫成虫大多昼伏夜出，白天在土壤躲避，傍晚 20—21 时活动、取食、交尾，一般喜欢产卵于 10 ~ 15 cm 处地表。幼虫终生在土壤中生存，随土壤温度和湿度变化在不同深度土壤中活动，11 月中下旬土壤冻结前，转移至冻土层下，当翌年春季土壤 5 cm 深处土壤温度达到 6.2 ℃时，转移至 20 cm 左右深处土壤活动，继续上升至 14.4 ℃时，转移至 5 ~ 7 cm 处为害。夜间活动的金龟甲一般具有趋光性及趋粪性，对未腐熟的粪便具有强烈趋性，此外，幼虫还具有假死性。

五、防治方法

　　农业防治：科学施肥，蛴螬具趋粪性，在未腐熟的粪便中经常有金龟甲成虫及幼虫，因此在大田施农家肥作为底肥时，必须使用充分腐熟的农家肥；精耕细作，破坏地下害虫越冬场所，减少越冬害虫数量；合理轮作，深松土壤，即使清除杂草及蛴螬幼虫；在作物田间地头等处种植少量蓖麻，利用蛴螬对蓖麻的趋性诱杀蛴螬成虫。

　　物理防治：在蛴螬于土壤浅层活动时适时翻土，找到并杀死其幼虫；利用部分成虫的趋光性，使用频振式杀虫灯诱杀成虫；利用蛴螬的趋蜜性，用糖醋液诱杀成虫。

　　化学防治：可选用 2.5% 氟氯氰菊酯微囊悬浮剂、25% 喹硫磷乳油、40% 辛硫磷乳油等药剂进行喷雾防治；药剂拌种，也可选用 50% 辛硫磷乳油或 50% 二嗪磷乳油等药剂进行拌种防治。

第二十章 藜蚜

一、简介

藜蚜（*Lipaphis* sp.）是一种无翅孤雌蚜，属于蚜亚科，在中国多个地区，国外朝鲜半岛、俄罗斯、亚洲、欧洲、美国、加拿大均有分布。近几年，该虫害在山西省忻州市藜麦种植区常年发生，为害较轻。

二、为害状

蚜虫属刺吸式口器害虫，取食时将口器插入作物表皮内，口器中间是空的，吸取作物汁液，使作物卷缩、萎蔫，且蚜虫多喜食嫩叶及嫩茎，对作物生长发育影响更严重。在取食汁液后产生大量的蜜露，引发煤污病（图 20-1 和图 20-2）。同时，由于迁飞扩散寻找寄主植物时要反复转移取食，所以可以传播许多种植物病毒病，造成更大的为害。

图 20-1

图 20-2

图 20-1 藜蚜为害叶片

图 20-2 藜蚜为害嫩茎

三、形态特征

成虫： 草绿色，有薄粉。玻片标本淡色，头部灰色，无斑纹；触角、喙、足灰色，胫节端部和跗节灰黑色；尾片、尾板及生殖板灰褐色。表皮光滑，头部背面前部有曲纹。气门圆形开放至肾形半开放，气门片淡色。节间斑不显。中胸腹岔无柄。体毛粗短。缘瘤不显。中额微隆，额瘤不显。触角有瓦纹。喙端部达中足基节。腹管短圆筒形，端部稍收缩，表面光滑，有缘突和切迹。尾片长圆锥形，中部稍收缩，末端钝圆，有微刺状瓦纹及长毛。尾板末端圆形。生殖板有短毛。

四、生活史及习性

该虫北方地区年发生十余代。温暖地区或在温室内以无翅胎生雌蚜繁殖，终年为害。该虫在土中产卵越冬，翌年春季 3—4 月孵化为干母，在越冬寄主上繁殖几代后产生有翅蚜，向其他蔬菜上转移，扩大为害，无转寄主习性。到晚秋部分产生性蚜，交配产卵越冬。该虫喜欢群居，对黄色、橙色有强烈的趋性，绿色次之，对银灰色有负趋性。蚜虫常聚集在幼苗、嫩叶、嫩茎和近地面的叶片上，取食寄主汁液。

五、防治方法

生物防治： 可选择蚜茧蜂、瓢虫、草蛉、昆虫病原真菌等进行生物防治，其中蚜茧蜂为寄生性天敌，通过将卵产在蚜虫体内，卵孵化后取食蚜虫体内组织进行发育，最后羽化；瓢虫和草蛉为捕食性天敌，直接取食蚜虫；昆虫病原真菌通过侵染蚜虫获得自生生长发育的营养，并产生有毒代谢物，导致蚜虫发病或死亡。

化学防治： 可选用 10% 氟啶虫酰胺水分散粒剂、10% 吡虫啉可湿性粉剂、1% 苦参碱水剂、40% 啶虫脒水分散粒剂等药剂进行喷雾防治。

第二十一章 红 蜘 蛛

一、简介

红蜘蛛（*Tetranychus* spp.）属蛛形纲蜱螨目叶螨科，俗称大蜘蛛、红砂、火龙虫等，是昆虫纲外主要害虫之一。红蜘蛛种类多，其食性杂，寄主广泛，包括多种果树、林木及作物蔬菜等。在露地、大棚中均可发生。近几年，红蜘蛛在山西省忻州市与朔州市藜麦种植区为害日益加重。

二、为害状

该虫通常以成螨及若螨在叶片背部取食为害，在叶片背部聚集，拉丝结网，以刺吸式口器刺破叶片表皮叶肉细胞，吸食汁液，破坏细胞结构，失去叶绿体，抑制光合作用，导致植物叶片枯黄，提前凋零，严重时常使植物叶片大量脱落，造成生长迟缓甚至死亡（图 21-1）。

图 21-1 红蜘蛛为害状

三、形态特征

卵：呈圆球形，直径约 0.13 mm，上有一垂直柄（图 21-2）。

若螨：体形较小，形态近似成螨，有足 4 对，越冬若螨红色，非越冬若螨翠绿色，体两侧有黑绿色斑纹。初孵幼螨呈卵圆形，有足 3 对（图 21-2）。

成螨：刺吸式口器，头胸部与腹部愈合，不分节，有足 4 对，夏型虫初红色后至深红色，冬型虫近似朱红色，体形较夏型虫小。雌性成螨体长 0.42 ~ 0.62 mm，近椭圆形，背面有数对隆状突起，背上着生有 6 列共 26 根白色刚毛，雄性成螨体形较雌性小，常呈淡绿色，体侧有黑绿色斑纹（图 21-3）。

图 21-2　红蜘蛛（卵与若虫）

图 21-3　红蜘蛛（成虫）

四、生活史及习性

该虫 1 年数代至十数代，在大发生的年代，有时可达 1 年 16 代，有世代重叠现象，以卵或受精雌螨在树干、枝丫、树皮等缝隙处或杂草基部和地面土缝过冬，翌年 3 月升温后，越冬卵开始孵化，雌虫开始出蛰，先在低矮杂草繁殖为害，孵化幼螨可靠爬行或借风雨传播，4 月林木开始展叶，红蜘蛛转移到叶片为害，由叶片背面主脉两侧向整个叶片扩散，在 5 月达到盛发期，每年 6 月下旬至 7 月上旬为为害高峰，红蜘蛛在植株表面拉丝结网，常使叶片变黄枯萎，甚至提早脱落，10 月中下旬进入越冬期。该虫为害程度与当年气候状况相关，通常干旱高温的气候有利于红蜘蛛发育繁殖，夏季多雨则会影响红蜘蛛繁殖。红蜘蛛繁殖能力强，生长速度快，通常两性生殖，在环境不利时，也可进行孤雌生殖，孤雌生殖后代为雄性红蜘蛛。

五、防治方法

农业防治： 红蜘蛛早春期常在杂草上活动，应在早春期间及时清除残枝与杂草，破坏红蜘蛛早春期生活环境。

生物防治： 红蜘蛛天敌种类较多，包括草蛉、捕食螨、瓢虫、花蝽等；在红蜘蛛发生初期进行田间大量释放，以控制红蜘蛛数量。

化学防治： 可选用 1.8% 阿维菌素乳油、20% 哒螨灵乳油、25% 三唑锡可湿性粉剂等药剂进行喷雾防治，尤其是红蜘蛛为害较重的叶面与叶背，一定不可漏施，喷雾防治应注意采用不同农药交替使用，避免红蜘蛛产生抗药性。

第二十二章　双斑萤叶甲

一、简介

双斑萤叶甲（*Monolepta hieroglyphica*）属鞘翅目，在我国广泛分布。该害虫为多食性害虫，可为害玉米、高粱、谷子、棉花、豆类、马铃薯、白麻及向日葵、十字花科蔬菜等多种作物，以及苹果、杏、杨、柳等，还可寄生苍耳、刺儿菜、灰菜等多种杂草。近几年，该虫害在山西省忻州市藜麦种植区偶有发生，且为害较轻。

二、为害状

该虫以成虫为害植物叶片、花蕾为主。取食叶肉，仅留表皮，受害植物叶片呈现大片透明白斑，严重影响光合作用。

三、形态特征

卵：椭圆形，长 0.6 mm，棕黄色，表面具网纹状。

幼虫：体长 5～6 mm，白色至黄白色，随着龄期的增长，颜色逐渐变深，体表具瘤和刚毛，前胸背板颜色较深。

蛹：长 2.8～3.5 mm，宽 2 mm，白色，表面具刚毛，为离蛹。

成虫：体长 3.6～4.8 mm，宽 2～2.5 mm，长卵形，棕黄色具光泽，触角 11 节丝状，端部色黑，长为体长的 2/3；复眼大卵圆形；前胸背板宽大于长，表面隆起，密布很多细小刻点；小盾片黑色呈三角形；鞘翅布有线状细刻点，每个鞘翅基半部具 1 近圆形淡色斑，四周黑色，淡色斑后外侧多不完全封闭，其后面黑色带纹向后突伸成角状，有些个体黑带纹不清或消失。两翅后端合为圆形，后足胫节端部具 1 长刺；腹管外露（图 22-1）。

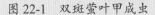

图 22-1　双斑萤叶甲成虫

四、生活史及习性

该虫以卵在土中越冬。卵期很长，5月开始孵化，自然条件下，孵化率很不整齐。幼虫全部生活在土中，一般靠近根部距土表 3 ~ 8 cm，以杂草根为食，尤喜食禾本科植物根。整个幼虫期经约 30 d，老熟幼虫做土室化蛹。蛹室土质疏松，蛹一经触动即猛烈旋动。蛹经 7 ~ 10 d 羽化。成虫 7 月初开始出现，一直延续至 10 月。成虫飞翔力弱，一般只作 2 ~ 5 m 短距离飞行。有弱趋光性。当早晚气温低于 8 ℃，或在大风、阴雨和烈日等不利条件下，则隐藏在植物根部或枯叶下。9—17 时气温高于 15 ℃ 以上时，成虫活动为害。成虫羽化后约 20 d 即行交尾，交尾时间一般 30 ~ 50 min。雌虫产卵时，腹端部向土里伸，在土壤缝隙中将卵产下，一次可产卵 30 多粒，一生可产卵 200 多粒，卵散产或几粒粘在一起。

五、防治方法

农业防治：秋耕冬灌或早春深翻，用机械杀伤和深埋土壤中的越冬虫卵，可有效降低虫源基数，减轻为害。早春铲除田埂、渠沟旁及田间杂草，尤其是稗草、狗尾草等禾本科杂草，可以消灭中间寄主植物，改变双斑萤叶甲栖息场所环境，减少食料来源。播种前深翻土壤、浅锄地边空闲地等耕作措施可有效减少双斑萤叶甲虫口密度 40% 左右。

生物防治：在农田地边种植生态带（小麦、苜蓿）以草养害，以害养益，引益入田，以益控害。合理使用农药，保护利用天敌。该虫的天敌主要有瓢虫、蜘蛛等。

物理防治：双斑萤叶甲点片发生时，可在早晚用捕虫网人工捕杀成虫，也可利用黑光灯诱杀，减少田间虫量。

化学防治：可选用 50% 辛硫磷乳油、10% 吡虫啉可湿性粉剂、20% 氰戊菊酯乳油、2.5% 高效氯氟氰菊酯乳油、25% 噻虫嗪水分散粒剂等药剂进行喷雾防治。

第二十三章 赤 条 蝽

一、简介

赤条蝽（*Graphosoma rubrolineata*）属半翅目蝽科，主要为害胡萝卜、茴香、柴胡、防风、鸭儿芹、白芷等伞形花科蔬菜及药食两用植物，萝卜、白菜等十字花科蔬菜，葱、洋葱等百合科蔬菜，小麦、苜蓿等粮食作物及牧草，是重要的农业害虫。国内除西藏外，各省（区、市）均有分布。近几年，该虫害在山西省忻州市藜麦种植区偶有发生，为害较轻。

二、为害状

该虫以成虫、若虫为害，常栖息在寄主植物的叶片和花蕾上，以针状口器吸取汁液，使植株生长衰弱，花蕾败育，造成种籽畸形、种子减产（图23-1）。

图 23-1　赤条蝽为害藜麦穗症状

三、形态特征

卵：卵为水桶形，竖直，长约1 mm，宽0.9～1.0 mm，初期为乳白色，后变为浅黄褐色，卵壳上密布白色的短绒毛。

若虫： 初孵若虫圆形，体长约 1.5 mm，淡黄色，后变橙红色，具黑色纵纹，数目与排列和成虫相同。老熟若虫体长 8～10 mm，宽约 7 mm，无翅，仅有翅芽。翅芽达腹部第 3 节，周缘、侧接缘为黑色，每节都有红黄色斑点。

成虫： 成虫橙红色，长椭圆形，体长 8～12 mm，宽 6.5～7.5 mm，有黑色条纹纵贯全身。头部 2 条，前胸背板 6 条，小盾片上 4 条。小盾片上的黑色条纹向后延伸、逐渐变细，两侧的 2 条黑色条纹位于小盾片边缘。体表粗糙，具有细密皱形刻点。触角较细，棕黑色，共 5 节。喙管黑色，基部黄褐色。足棕黑色，每个腿节上都有红黄相间的斑点。侧接缘明显外露，其上有黑橙相间的点纹。虫体腹面为红黄色，其上散生许多大的黑色斑点。臭腺孔无沟，其外壁翘起。

四、生活史及习性

该虫在我国各地均有发生，各地均 1 年发生 1 代，以成虫在田间的枯枝落叶中、杂草丛中或土壤缝隙里越冬。翌年 4 月下旬越冬成虫开始活动取食，5 月上旬开始产卵，6 月上旬至 8 月中旬越冬成虫相继死亡。卵期 9～13 d。若虫于 5 月中旬至 8 月上旬孵出，若虫共 5 龄，若虫期大约 40 d；成虫期约 300 d，10 月中旬以后陆续蛰伏越冬。

该虫爬行迟缓，不善飞行，在早晨有露水时基本不活动。怕阳光，成虫交配时间在 9 时前及傍晚，此时，也是该虫为害高峰期。卵多产在寄主植物的叶片、花梗、花蕾或嫩荚上，块状聚生，成双行整齐排列，每块一般 10 粒。若虫顶开卵盖后爬出，卵壳仍久留原地，低龄若虫在卵壳附近聚集为害，2 龄以后开始分散为害，成虫及高龄若虫常栖息于枝条、叶片、花蕾和嫩荚上吸取汁液，严重影响制种质量与产量。

五、防治方法

农业防治： 冬季对赤条蝽发生严重的地块彻底耕翻，可消灭部分越冬成虫。及时清除田间枯枝落叶及杂草，可破坏早春害虫的滋生、栖息场所。当种植面积较小时，可在卵期和低龄若虫期，人工摘除卵块和群集的若虫。

生物防治： 可选用 0.3% 苦参碱可溶性液剂、1.8% 阿维菌素乳油或 80 亿孢子 /mL 金龟子绿僵菌可分散油悬浮剂等药剂进行喷雾防治。

化学防治： 可选用 2.5% 溴氰菊酯乳油、50 g/L 高效氯氟氰菊酯乳油、50% 辛硫磷乳油、25% 噻虫嗪水分散粒剂、50% 氟啶虫胺腈水分散粒剂等药剂进行喷雾防治。

第二十四章 瓜 螟

一、简介

瓜螟（*Diaphania indica*）属鳞翅目螟蛾科，又名瓜野螟、瓜绢螟，是蔬菜、杂草上的常见害虫。主要分布在华北、华东、华中、华南和西南地区。近几年，该虫害在山西省忻州市藜麦种植区偶有发生，为害较轻。

二、为害状

该虫以初孵幼虫先取食植株生长点和幼嫩叶片下表皮及叶肉，留下上表皮；3龄后，幼虫吐丝将叶片或嫩梢卷起并藏匿其中取食，严重时可将植株叶片全部吃光仅剩叶脉；高龄幼虫可为害瓜果，啃食表皮而后钻入植物，取食皮下瓜肉，严重影响瓜果品质（图24-1）。

图 24-1　瓜螟幼虫为害藜麦穗症状

三、形态特征

卵：扁平椭圆形，淡黄色，表面有龟甲状网纹。

幼虫：成熟幼虫体长 26 mm，头部前胸淡褐色，胸腹部草绿色，背面较平，亚背线较粗、白色（此特征是识别瓜螟的主要标志），气门黑色，各体节上有瘤状突起，上生短毛。全身以胸部及腹部较大，尾部较小，头部次之。

蛹：蛹长 14 mm，浓褐色，头部光整尖瘦，翅基伸至第 6 腹节，有薄茧。

成虫：体长 11 mm，头、胸黑色，腹部白色，第 1、7、8 节末端有黄褐色毛丛。前、后翅白色透明，略带紫色，前翅前缘和外缘、后翅外缘呈黑色宽带。末龄幼虫体长 23 ～ 26 mm，头部、前胸背板淡褐色，胸腹部草绿色，亚背线呈两条较宽的乳白色纵带，气门黑色。

四、生活史及习性

该虫以老熟幼虫或蛹在枯叶或表土越冬，第 1 次成虫于 4 月中下旬至 5 月中旬出现，幼虫于 4 月下旬始见，1 ～ 2 代幼虫很少，对植物基本上不构成为害，7 月中旬发生第 3 代幼虫，密度较大，7 月上中旬至 10 月中旬为盛发期，此时世代重叠，为害严重。11 月后进入越冬期。成虫昼伏夜出，具弱趋光性，历期 7 ～ 10 d。雌虫交配后即可产卵，卵产于叶背或嫩尖上，散生或数粒在一起，卵期 5 ～ 8 d。初孵幼虫先在叶背或嫩尖取食叶肉，被害部成灰白色斑块，3 龄后有近 30% 的幼虫即吐丝将叶片左右缀合，大部分幼虫裸体在叶背取食叶肉，可吃光全叶，仅存叶脉和叶面表皮。

五、防治方法

农业防治：当发现有幼虫为害时，可以人工摘除卷叶，带到棚外集中进行处理消灭，以达到减少虫口密度的效果；瓜果采收完结以后，及时清除枯枝落叶并集中到棚外进行深埋或烧毁。适时中耕翻土，适量灌水，增加土壤的湿度，降低瓜螟的羽化率。

生物防治：寄生性天敌有拟澳洲赤眼蜂、瓜螟绒茧蜂、小室姬蜂和黑点瘤姬蜂，捕食性天敌有蜘蛛和蚂蚁。同时可采取人工释放赤眼蜂来进行防治；还可以在瓜螟盛孵期选用苏云金杆菌、苦参碱等生物药剂进行防治。

化学防治：可选用 20% 三唑磷乳油、40% 毒死蜱乳油、10% 喹硫磷乳油、200 g/L 丁硫克百威乳油、50% 丙溴磷乳油、25% 杀虫双水剂、40% 乙酰甲胺磷乳油等药剂进行喷雾防治。

第二十五章　缘　蝽

一、简介

缘蝽（*Coreidae* spp.）属半翅目缘蝽科，主要为害蚕豆、豌豆、菜豆、绿豆、大豆等豆科作物，也为害麦类、高粱、玉米、甘薯、棉花等作物。近几年，该虫害在山西省忻州市藜麦种植区偶有发生，为害较轻。

二、为害状

该虫为植食性，成虫与若虫均栖息于藜麦穗上，除吸食藜麦的营养器官外，偏喜取食藜麦籽粒，亦有取食已经落地的成熟藜麦籽粒（图 25-1）。

图 25-1　缘蝽为害藜麦穗症状

三、形态特征

卵：椭圆形、肾形或三棱形。产时直立或横卧。散产，或成数目不多的小卵块，或首尾相连成长串，或成一横排，或相互重叠等。端部有 20 ~ 60 个以上的呼吸精孔突，并具假卵盖。

若虫： 头顶具毛点。触角着生位置也靠背面，腹部背面第 4～5 腹节以及第 5～6 腹节节间有臭腺孔。

成虫： 身体多狭长，由椭圆形至很细长的棍棒状不等。触角 4 节，着生处偏于背面，由背方观察可以看到触角基。喙 4 节。前胸背板前倾，梯形或六角形。

四、生活史及习性

该虫一年生 3 代，以成虫在枯草丛中、树洞和屋檐下等处越冬。越冬成虫 3 月下旬开始活动，4 月下旬至 6 月上旬产卵，5 月下旬至 6 月下旬陆续死亡。第 1 代若虫 5 月上旬至 6 月中旬孵化，6 月上旬至 7 月上旬羽化为成虫，6 月中旬至 8 月中旬产卵。第 2 代若虫 6 月中旬末至 8 月下旬孵化，7 月中旬至 9 月中旬羽化为成虫，8 月上旬至 10 月下旬产卵。第 3 代若虫 8 月上旬末至 11 月初孵出，9 月上旬至 11 月中旬羽化。成虫于 10 月下旬至 11 月下旬陆续越冬。成虫和若虫白天极为活泼，早晨和傍晚稍迟钝，阳光强烈时多栖息于寄主叶背。初孵若虫在卵壳上停息半天后，即开始取食。成虫交尾多在上午进行。卵多产于叶柄和叶背，少数产在叶面和嫩茎上，散生，偶聚产成行。每雌每次产卵 5～14 粒，多为 7 粒，一生可产卵 14～35 粒。缘蝽，行动活泼，警觉善飞，夜间向光的现象很不明显。臭腺分泌物的臭味强烈。部分种类有群集习性。

五、防治方法

农业防治： 秋季收获后，清洁田间植株残体及周围的杂草、残枝落叶，及时堆沤或销毁；秋末冬初进行深耕，深埋豆类枯枝落叶，可消灭部分越冬成虫，压低虫源基数。春季及时铲除田间及田边杂草，避免其成为缘蝽的过渡寄主。

生物防治： 天敌种类主要有球腹蛛、长螳螂、蜻蜓、黑卵蜂等，均对缘蝽的发生具有一定的控制作用。

化学防治： 可选用 45% 马拉硫磷乳油、50 g/L 高效氯氟氰菊酯乳油、25 g/L 高效氯氟氰菊酯乳油、25% 噻虫嗪水分散粒剂、97% 乙酰甲胺磷水分散粒剂、50% 氟啶虫胺腈水分散粒剂、40% 啶虫脒水分散粒剂等药剂进行喷雾防治。发生严重的田块可酌情增加施药次数。

第二十六章 叶 蝉

一、简介

叶蝉（*Cicadella* spp.）属同翅目叶蝉科，主要为害苹果、桃、梨、桧柏、粟、玉米、水稻、大豆、马铃薯等 160 多种植物。近几年，该虫害在山西省忻州市藜麦种植区偶有发生，为害较轻。

二、为害状

该虫以植物为食，成虫、若虫均刺吸植物汁液，叶片被害后出现淡白点，而后点连成片，直至全叶苍白枯死。也有的造成枯焦斑点和斑块，使叶片提前脱落。此外，还可传播病毒病（图 26-1）。

图 26-1 叶蝉为害

三、形态特征

卵：白色微黄，长卵圆形，长约 1.6 mm，宽约 0.4mm，中间微弯曲，一端稍细，表面光滑。

若虫：初孵化时为白色，微带黄绿。头大腹小。复眼红色。2～6 h 后，体色渐变淡黄色、浅灰色或灰黑色。3 龄后出现翅芽。老熟若虫体长 6～7 mm，头冠部有 2 个黑斑，胸背及两侧有 4 条褐色纵纹直达腹端。

成虫：头部正面淡褐色，两颊微青，在颊区近唇基缝处左右各有 1 小黑斑；触角窝上方、两单眼之间有 1 对黑斑。复眼绿色。前胸背板淡黄绿色，后半部深青绿色。小盾片淡黄绿色，中间横刻痕较短，不伸达边缘。前翅绿色带有青蓝色泽，前缘淡白，端部透明，翅脉为青黄色，具有狭窄的淡黑色边缘。后翅烟黑色，半透明。腹部背面蓝黑色，两侧及末节为橙黄色带有烟黑色（图 26-2）。

图 26-2　叶蝉成虫

四、生活史及习性

该虫在北方各地 1 年发生 3 代，各代发生期为 4 月上旬至 7 月上旬、6 月上旬至 8 月中旬、7 月中旬至 11 月中旬。以卵在嫩梢和干部皮层内越冬。若虫近孵化时，卵的顶端常露在产卵痕外。孵化时间均在早晨。越冬卵的孵化与温度关系密切。若虫期 30 ~ 50 d。该虫发生不整齐，世代重叠。成虫有趋光性，夏季颇强，晚秋不明显，可能是低温所致。成虫、若虫日夜均可活动取食，产卵于寄主植物茎秆、叶柄、主脉、枝条等组织内，以产卵器刺破表皮成月牙形伤口，产卵 6 ~ 12 粒于其中，排列整齐，产卵处的植物表皮成肾形凸起。每雌可产卵 30 ~ 70 粒，非越冬卵期 9 ~ 15 d，越冬卵期达 5 个月以上。

五、防治方法

农业防治：避免间作晚秋作物，如白菜、萝卜、胡萝卜、薯类等；入秋季后清除园内杂草，控制叶蝉虫量及果园周围的杂草及晚秋作物。

物理防治：在成虫期利用灯光诱杀，可以大量消灭成虫；夏季灯火诱杀第 2 代成虫，减少第 3 代的发生；成虫早晨不活跃，可以在露水未平时进行网捕。

化学防治：可选用 20% 甲氰菊酯乳油、50% 辛硫磷乳油、2.5% 的溴氰菊酯可湿性粉剂、0.5% 藜芦碱可湿性粉剂等药剂进行喷雾防治。使用药剂防治的时候应当注意从周围向中间环绕喷药，对大田周围杂草地要及时清理，并用药剂喷洒。

第二十七章 黄曲条跳甲

一、简介

黄曲条跳甲（*Phyllotreta striolata*）属鞘翅目（Coleoptera）叶甲科（Chrysomelidae）菜跳甲属（*Phyllotreta*）。主要以甘蓝、花椰菜等十字花科蔬菜为主，也为害茄果类、瓜类、豆类蔬菜。近几年，该虫害在山西省忻州市藜麦种植区偶有发生，为害较轻。

二、为害状

该虫幼虫和成虫均可为害。幼虫为害根系，成虫喜食藜麦的幼嫩组织，致使植株生长缓慢，造成减产。幼虫环剥藜麦根部表皮，形成环状弯曲的虫道，严重时咬断须根，造成植株萎蔫枯死。成虫喜食藜麦幼嫩组织，将叶片咬成小孔洞状或缺刻状，严重时吃光叶肉，仅剩叶脉（图 27-1）。

图 27-1　黄曲条跳甲成虫为害状（李秋荣提供）

三、形态特征

卵：呈椭圆形，淡黄色，大小（0.3 ~ 0.5）mm×（0.2 ~ 0.25）mm。

幼虫：1龄幼虫，呈乳白色，半透明，头部黑色，体长0.5 ~ 1.0 mm；2龄幼虫，体长1.5 ~ 2.5 mm；3龄幼虫，体长3.0 ~ 4.0 mm；老熟幼虫，体长缩短略肥胖。

蛹：呈椭圆形，初为乳白色，后变为淡黄色，翅芽及足伸至第5腹节，腹部有1对叉状突起，长2.0 ~ 2.5 mm。

成虫：体长1.8 ~ 3.0 mm，鞘翅具光泽，2个鞘翅中央分别有一纵向黄色条纹，条纹外缘中部向内弯曲，前后两端向内侧弯曲，纵条纹整体呈哑铃状，触角为线形，共11节；成虫雄性外生殖器端部呈铲形斜面，平时收藏于腹部内侧；雌性外生殖器由生殖腔和2个产卵器组成（图27-2）。

图27-2 黄曲条跳甲成虫（李秋荣提供）

四、生活史及习性

该虫在我国北方一年发生3 ~ 5代。一般以成虫在田间落叶、杂草及土缝中越冬。越冬成虫于3月下旬或4月上旬开始出蛰活动。4月上中旬开始产卵。因成虫寿命长，致使世代重叠。春季1代、2代（5—6月）和秋季5代、6代（9—10月）为主害代，为害严重，但盛夏高温季节发生为害较少。该虫在温度较高季节的中午时多数会潜回土中，一般喷药较难杀死。可在 7—8 时或 17—18 时喷药，此时成虫出土后活跃性较差，药效好。在秋冬季节，成虫在 10 时左右和 15—16 时特别活跃，易受惊扰而四处逃窜。

五、防治方法

农业防治：冬前彻底清除周围落叶残体和杂草；可以与菠菜、生菜、胡萝卜和葱蒜等蔬菜轮作，也可以与紫苏等具挥发性气味的蔬菜间作、混作或者套种，尽量避免重茬连作；有条件的地块可以铺设地膜，减少成虫在根部产卵。

物理防治：结合防治其他害虫，使用黑光灯或频振式杀虫灯诱杀成虫；在距地面 25 cm 处放置黄色或者白色粘虫板，每亩地 30 ～ 40 块，也可以较好地降低成虫数量。

化学防治：土壤处理可选用 300 g/L 氯虫·噻虫嗪悬浮剂等药剂进行灌根；种子包衣，可选用 70% 噻虫嗪种子处理可分散粉剂等药剂进行种子处理；叶面喷雾，可选用 25% 噻虫嗪水分散粒剂、15% 哒螨灵微乳剂、10% 溴氰虫酰胺可分散油悬浮剂等药剂进行喷雾防治。

第二十八章　菠菜潜叶蝇

一、简介

菠菜潜叶蝇（*Pegomya exilis*）属双翅目（Diptera）花蝇科（Anthomyiidae）泉蝇属（*Pegomya*）。主要为害菠菜、甜菜等藜科植物，也可以为害茄科、石竹科植物。国内主要分布在辽宁、甘肃、内蒙古、新疆、河北、山西等地。近几年，该虫害在山西省忻州市藜麦种植区偶有发生，为害较轻。

二、为害状

菠菜潜叶蝇的幼虫潜入藜麦叶片组织内，取食叶肉；幼虫在上下表皮之间蛀食，受害叶片只剩表皮，呈半透明水泡状突起，透过叶表皮可看到幼虫（图 28-1）。菠菜潜叶蝇的幼虫破坏藜麦叶片组织，造成叶片表面不规则的白色斑块，致使叶片变黄、干枯、脱落（图 28-2）。

图 28-1　菠菜潜叶蝇幼虫

图 28-2　菠菜潜叶蝇为害状（李秋荣提供）

三、形态特征

卵：呈长椭圆形，初为白色，后变为米黄色，表面有多角形规则网状纹，大小（0.8 ～ 0.9）mm × 0.3 mm。

幼虫：1 龄幼虫，呈透明，体长 1.0 ～ 2.0 mm；2 龄幼虫，体长 4.0 ～ 5.0 mm；老熟幼虫，头尖尾粗，污黄色，口钩黑色，虫体各体节有许多皱纹，体长 7.0 ～ 9.0 mm。

蛹：为围蛹，头部较窄，尾部较平，前后气门突起，红褐色至黑褐色，长 4.0 ～ 5.0 mm。

成虫：体灰黄色，复眼黄红色，短小的触角 1 对，共 3 节，有触角芒 1 根，基部为黑色、粗大，逐渐过渡为黄色的细长丝状，前翅暗黄色，翅脉黄色，后翅退化成极小平衡棍，雄成虫腹部尖细，胸部与腹部呈向下弯曲状；雌成虫腹部肥大，呈半椭圆形，胸部与腹部基本平行，体长 4.0 ～ 7.0 mm，展翅 10.0 mm。

四、生活史及习性

潜叶蝇多于傍晚孵化，孵化幼虫寻找没有蛀道的叶子钻蛀，环境适宜时 1 d 即可钻进叶肉，但找不到适宜寄主时，也能在粪肥或腐殖质上取食，完成发育。幼虫老熟后，部分在叶肉化蛹，部分入土化蛹。而越冬代的幼虫则全部入土化蛹，蛹期 6 个月。

五、防治方法

农业防治：收获后要及时深翻土地，既有利于植株生长，又能破坏一部分入土化蛹的蛹，可减少田间虫源。施底肥，要施充分腐熟的有机肥，特别是厩肥，以免将虫源带进田里。

化学防治：选用在潜叶蝇产卵盛期至孵化初期进行防治，可选用喷 2.5% 的溴氰菊酯乳油、20% 的氰戊菊酯乳油、40% 辛硫磷乳油等药剂进行喷雾防治。

第三篇 藜麦田杂草

第二十九章　藜麦田杂草

　　杂草与藜麦在营养吸收和光照方面形成竞争，从而对藜麦的生长造成影响。同时，藜麦病虫害的发生与杂草密切相关。藜属常见杂草也是藜麦主要病害病原的寄主，多变霜霉、藜尾孢、链格孢菌、茎生壳二胞、瓜笄霉等 5 种病原菌均可侵染藜属杂草。茎生壳二胞的寄主有藜、戟叶滨藜、藜麦等，交链格孢可以侵染藜麦、藜、台湾藜等。此外，藜麦田藜科、蓼科、苋科等杂草随处可见，早春杂草是筒喙象的先期寄主，后期又成为其较安全的化蛹场所，铲除田边地头的杂草，尤其是苋科、藜科、蓼科的杂草，可以显著减少筒喙象的虫口数量。

　　防治杂草是藜麦生产中的一大难题。藜麦与杂草藜同族同宗，防治杂草时要注意除草剂的选择、规避药害。研究发现，除草剂对后茬藜麦的出苗和生长产生危害，其中仲丁灵、乙氧氟草醚、烟嘧磺隆、莠去津、辛酰溴苯腈、乙草胺、二氯吡啶酸等在不同剂量下会对藜麦产生药害。打过除草剂的地块，藜麦出苗量减少、生育进程延后、穗变小、产量降低。因此，要密切掌握除草剂的使用情况，应避免选择使用过的除草剂对藜麦生长有影响的地块，进而规避除草剂对藜麦的药害。

　　由于藜麦对大部分除草剂比较敏感，除草过程中不宜使用除草剂，生产中主要采取人工除草的方式。人工除草能达到破除土壤板结、疏松土壤、改善土壤通气性、提高地温、蓄水保墒等效果，进而改善土壤微环境，促进幼苗生长，培土使根系稳固，促进根部生长，可有效防止后期倒伏。同时，结合间苗进行除草，拔除病残株，减少藜麦病虫害的发生。

一、艾

【分布】艾（*Artemisia argyi*）属于菊科蒿属，在我国藜麦各个种植区均有发生。

【形态特征】主根明显，略粗长，侧根多，地下根状茎横卧；茎单生，有明显纵棱，褐色或灰黄褐色，基部稍木质化，上部草质，并有少数短的分枝；茎、枝均被灰色蛛丝状柔毛。叶厚，上面被灰白色短柔毛，并有白色腺点与小凹点，背面密被灰白色蛛丝状密茸毛；基生叶具长柄，花期萎谢；茎下部叶近圆形或宽卵形，羽状深裂，每侧具裂片 2 ～ 3 枚，裂片椭圆形或倒卵状长椭圆形，每裂片有 2 ～ 3 枚小裂齿；中部叶卵形、三角状卵形或近菱形，1～2回羽状深裂至半裂，每侧裂片2～3枚，裂片卵形、卵状披针形或披针形，不再分裂或每侧有1～2枚缺齿；叶基部宽楔形渐狭成短柄，叶脉明显，在背面凸起，干时锈色，基部通常无假托叶或极小的假托叶；头状花序椭圆形，无梗或近无梗（图29-1）。

图 29-1　艾

二、无芒稗

【分布】无芒稗（*Echinochloa crusgalli*）为禾本科稗属下的一个变种，主要在华北和西北等藜麦种植区发生。

【形态特征】一年生草本植物，秆直立，粗壮，叶鞘疏松裹秆，平滑无毛，叶舌缺；叶片扁平，线形，无毛，边缘粗糙。圆锥花序直立，分枝斜上举而开展，常再分枝，小穗卵形，第1颖三角形，脉上具疣基毛，第2颖与小穗等长，先端渐尖或具小尖头，第1小花通常中性，其外稃草质，第2外稃椭圆形，平滑、光亮，成熟后变硬，夏秋季开花结果（图29-2）。

图 29-2　无芒稗

三、刺藜

【分布】刺藜（*Teloxys aristata*）属于苋科刺藜属一年生草本，主要在内蒙古、河北、山西、青海、新疆等藜麦种植区发生。

【形态特征】通常呈圆锥形，秋后常带紫红色。茎直立，圆柱形或有棱，具色条，无毛或稍有毛，有多数分枝。叶条形至狭披针形，先端渐尖，基部收缩成短柄，中脉黄白色。复二歧式聚伞花序生于枝端及叶腋，最末端的分枝针刺状；花两性，狭椭圆形，先端钝或骤尖，背面稍肥厚，边缘膜质，果时开展。种子横生，顶基扁，周边截平或具棱（图29-3）。

图 29-3　刺藜

四、鹅肠菜

【分布】鹅肠菜（*Stellaria aquatica*）属于石竹科鹅肠菜属二年生或多年生草本，在我国藜麦各个种植区均有发生。

【形态特征】茎多分枝，铺散，下部伏卧，上部直立。叶对生，卵形或宽卵形，顶端急尖，基部稍心形；下部叶有叶柄，上部叶无柄，疏生柔毛。花序二歧聚伞顶生；苞片叶状，边缘具腺柔毛；花梗长，密被腺毛；萼片卵状披针形，顶端较钝，边缘狭膜质；花瓣白色，子房长圆形，蒴果卵球形；种子近肾形，稍扁，褐色，表面具钝的疣状突起（图 29-4）。

图 29-4　鹅肠菜

五、反枝苋

【分布】反枝苋（*Amaranthus retroflexus*）属于苋科苋属一年生草本植物，主要在内蒙古、河北、山西、甘肃、新疆等藜麦种植区发生。

【形态特征】茎直立，粗壮，单一或分枝，淡绿色，有时具带紫色条纹，稍具钝棱，密生短柔毛。叶片菱状卵形或椭圆状卵形，顶端锐尖或尖凹，有小凸尖，基部楔形，全缘或波状缘，两面及边缘有柔毛，下面毛较密；淡绿色，有时淡紫色，有柔毛。圆锥花序顶生及腋生，直立，由多数穗状花序形成，顶生花穗较侧生者长；胞果扁卵形，环状横裂，薄膜质，淡绿色，包裹在宿存花被片内（图 29-5）。

图 29-5　反枝苋

六、狗尾草

【分布】狗尾草（*Setaria viridis*）属于禾本科狗尾草属植物，在我国藜麦各个种植区均有发生。

【形态特征】秆直立或基部膝曲，叶鞘松弛，无毛或疏具柔毛或疣毛，边缘具较长的密绵毛状纤毛；叶舌极短，缘有纤毛；叶片扁平，长三角状狭披针形或线状披针形，先端长渐尖或渐尖，基部钝圆形，几呈截状或渐窄，通常无毛或疏被疣毛，边缘粗糙。圆锥花序紧密呈圆柱状或基部稍疏离，直立或稍弯垂，主轴被较长柔毛；小穗2～5个簇生于主轴上或更多的小穗着生在短小枝上，椭圆形，先端钝，浅绿色；第1颖卵形、宽卵形，长约为小穗的1/3，先端钝或稍尖，具3脉；第2颖几与小穗等长，椭圆形，具5～7脉；柱基分离；叶上下表皮脉间均为微波纹或无波纹的、壁较薄的长细胞（图29-6）。

图 29-6　狗尾草

七、稷

【分布】稷（*Panicum miliaceum*）属于禾本科黍属一年生栽培草本植物，分布于西北、华北等藜麦种植区。

【形态特征】秆粗壮，直立，单生或少数丛生，有时分枝，节密被髭毛，节下被疣基毛。叶鞘松弛，被疣基毛；叶舌膜质；叶片线形或线状披针形，两面具疣基的长柔毛或无毛，顶端渐尖，基部近圆形，边缘常粗糙。圆锥花序开展或较紧密，成熟时下垂，分枝粗或纤细，具棱槽，边缘具糙刺毛，下部裸露，上部密生小枝与小穗；小穗卵状椭圆形，颖纸质，无毛，第1颖正三角形，顶端尖或锥尖，通常具5～7脉；第2颖与小穗等长，通常具11脉，其脉顶端渐汇合呈喙状（图29-7）。

图 29-7　稷

八、菊叶香藜

【分布】菊叶香藜（*Dysphania schraderiana*）属于藜科藜属植物，主要在内蒙古、山西、甘肃、青海、西藏等藜麦种植区发生。

【形态特征】茎直立，具绿色色条，通常有分枝，有强烈气味，有具节的疏生短柔毛。叶片矩圆形，边缘羽状浅裂至羽状深裂，先端钝或渐尖，有时具短尖头，基部渐狭，上面无毛或幼嫩时稍有毛，下面有具节的短柔毛并兼有黄色无柄的颗粒状腺体，很少近于无毛。复二歧聚伞花序腋生；花两性；花被深裂；裂片卵形至狭卵形，有狭膜质边缘，背面通常有具刺状突起的纵隆脊并有短柔毛和颗粒状腺体，花丝扁平，花药近球形（图29-8）。

图 29-8　菊叶香藜

九、苦荞麦

【分布】苦荞麦（*Fagopyrum tataricum*）属于蓼科荞麦属一年生草本植物，主要在我国东北、华北、西北等藜麦种植区发生。

【形态特征】茎直立，分枝，绿色或微成紫色，有细纵棱，一侧具乳头状突起，叶宽三角形，两面沿叶脉具乳头状突起，下部叶具长叶柄，上部叶较小具短柄；托叶鞘偏斜，膜质，黄褐色。花序总状，顶生或腋生，花排列稀疏；苞片卵形，每苞内具 2 ~ 4 花，花梗中部具关节；花被深裂，白色或淡红色，花被片椭圆形；雄蕊比花被短；花柱柱头头状。瘦果长卵形，具纵沟，上部棱角锐利，下部圆钝有时具波状齿，黑褐色，无光泽（图 29-9）。

图 29-9　苦荞麦

十、草麻黄

【分布】草麻黄（*Ephedra sinica*）属于麻黄科草本状灌木植物，别名麻黄草、华麻黄，主要发生在内蒙古、河北、山西等藜麦种植区。

【形态特征】草本状灌木，木质茎短或成匍匐状，小枝直伸或微曲，表面细纵槽纹常不明显。叶 2 裂，鞘占全长 1/3 ～ 2/3，裂片锐三角形，先端急尖。雄球花多成复穗状，常具总梗，苞片通常 4 对，雄蕊 7 ～ 8，花丝合生，稀先端稍分离；雌球花单生，在幼枝上顶生，在老枝上腋生，常在成熟过程中基部有梗抽出，使雌球花呈侧枝顶生状，卵圆形或矩圆状卵圆形，苞片 4 对，下部 3 对合生部分占 1/4 ～ 1/3，最上一对合生部分达 1/2 以上；雌花胚珠的珠被管稍长，直立或先端微弯，管口隙裂窄长，约占全长的 1/4 ～ 1/2，裂口边缘不整齐，常被少数茸毛。雌球花成熟时肉质红色，矩圆状卵圆形或近于圆球形（图 29-10）。

图 29-10　草麻黄

十一、土荆芥

【分布】土荆芥（*Dysphania ambrosioides*）属于藜科藜属一年生或多年生草本植物，主要发生在山西、四川等藜麦种植区。

【形态特征】茎直立，多分枝，有强烈香味，有色条及钝条棱；枝通常细瘦，有短柔毛并兼有具节的长柔毛，有时近于无毛。叶片矩圆状披针形至披针形，先端急尖或渐尖，边缘具稀疏不整齐的大锯齿，基部渐狭具短柄，上面平滑无毛，下面有散生油点并沿叶脉稍有毛，上部叶逐渐狭小而近全缘。花两性及雌性，通常3～5个团集，生于上部叶腋；花被裂片，绿色，果时通常闭合，花柱不明显，柱头丝形，伸出花被外（图29-11）。

图29-11　土荆芥

十二、小灯心草

【分布】小灯心草（*Juncus bufonius*）属于灯心草科灯心草属植物，主要发生在东北、华北、西北等藜麦种植区。

【形态特征】一年生草本，有多数细弱、浅褐色须根。茎丛生，细弱，直立或斜升，有时稍下弯，基部呈红褐色。叶基生和茎生，茎生叶常 1 枚，叶片线形，扁平，顶端尖；叶鞘具膜质边缘，无叶耳。花序呈二歧聚伞状，或排列成圆锥状，生于茎顶，占整个植株的 1/4～4/5，花序分枝细弱而微弯；叶状总苞片常短于花序；花排列疏松，很少密集，具花梗和小苞片；小苞片 2～3 枚，三角状卵形，膜质；花被片披针形，背部中间绿色，边缘宽膜质，白色，顶端锐尖，内轮者稍短，几乎全为膜质，顶端稍尖（图 29-12）。

图 29-12　小灯心草

十三、野葵

【分布】野葵（*Malva verticillata*）属于锦葵科锦葵属二年生草本植物，主要发生内蒙古、青海、山西等藜麦种植区。

【形态特征】茎干被星状长柔毛。叶肾形或圆形，通常为掌状 5 ~ 7 裂，裂片三角形，具钝尖头，边缘具钝齿；近无毛，上面槽内被茸毛；托叶卵状披针形，被星状柔毛。花多朵簇生于叶腋，具极短柄至近无柄；小苞片 3，线状披针形，被纤毛；萼杯状，萼裂，广三角形，疏被星状长硬毛；花冠长稍微超过萼片，淡白色至淡红色，花瓣先端凹入，爪无毛或具少数细毛；雄蕊被毛；花柱分枝（图 29-13）。

图 29-13　野葵

十四、圆叶牵牛

【分布】圆叶牵牛（*Ipomoea purpurea*）属于旋花科牵牛属一年生草本植物，主要发生在山西、内蒙古、青海等藜麦种植区。

【形态特征】茎上被倒向的短柔毛杂有倒向或开展的长硬毛。叶圆心形或宽卵状心形，基部圆，心形，顶端锐尖、骤尖或渐尖，通常全缘，偶有 3 裂，两面疏或密被刚伏毛；毛被与茎同。花腋生，单一或 2 ~ 5 朵着生于花序梗顶端成伞形聚伞花序，花序梗比叶柄短或近等长，毛被与茎相同；苞片线形，被开展的长硬毛；被倒向短柔毛及长硬毛；萼片近等长，外面 3 片长椭圆形，渐尖，内面 2 片线状披针形，外面均被开展的硬毛，基部更密；花冠漏斗状，紫红色、红色或白色，花冠管通常白色，瓣中带于内面色深，外面色淡；雄蕊与花柱内藏；雄蕊不等长，花丝基部被柔毛；子房无毛，3 室，每室 2 胚珠，柱头头状；花盘环状（图 29-14）。

图 29-14　圆叶牵牛

十五、长裂苦苣菜

【分布】长裂苦苣菜（*Sonchus brachyotus*）属于菊科苦苣菜属一年生草本植物，主要发生在内蒙古、河北、山西等藜麦种植区。

【形态特征】根垂直直伸，生多数须根。茎直立，有纵条纹，上部有伞房状花序分枝，分枝长或短或极短，全部茎枝光滑无毛。基生叶与下部茎叶全形卵形、长椭圆形或倒披针形；中上部茎叶与基生叶和下部茎叶同形并等样分裂，但较小；最上部茎叶宽线形或宽线状披针形，接花序下部的叶常钻形；全部叶两面光滑无毛。头状花序少数在茎枝顶端排成伞房状花序。总苞钟状，总苞片 4 ~ 5 层，最外层卵形，瘦果长椭圆状，褐色，稍压扁，每面有 5 条高起的纵肋，肋间有横皱纹。冠毛白色，纤细，柔软，纠缠，单毛状（图 29-15）。

图 29-15　长裂苦苣菜

十六、拉拉藤

【分布】拉拉藤（*Galium spurium*）属于茜草科拉拉藤属植物，主要发生在山西、内蒙古、青海等藜麦种植区。

【形态特征】多枝、蔓生或攀缘状草本，茎有4棱角；棱上、叶缘、叶脉上均有倒生的小刺毛。叶纸质或近膜质，6～8片轮生，稀为4～5片，带状倒披针形或长圆状倒披针形，顶端有针状凸尖头，基部渐狭，两面常有紧贴的刺状毛，常萎软状，干时常卷缩，1脉，近无柄。聚伞花序腋生或顶生，少至多花，花小，有纤细的花梗；花萼被钩毛，萼檐近截平；花冠黄绿色或白色，辐状，裂片长圆形，镊合状排列；子房被毛，花柱2裂至中部，柱头头状（图29-16）。

图 29-16　拉拉藤

十七、问荆

【分布】问荆（*Equisetum arvense*）属于木贼科木贼属蕨类植物，主要发生内蒙古、北京、河北、山西、甘肃、青海、西藏等藜麦种植区。

【形态特征】根斜升，直立和横走，黑棕色，节和根密生黄棕色长毛或光滑无毛。能育枝春季先萌发黄棕色，无轮茎分枝，脊不明显，要密纵沟；鞘筒栗棕色或淡黄色，销齿 9 ～ 12 枚，栗棕色，狭三角形，鞘背仅上部有一浅纵沟，孢子散后能育枝枯萎。不育枝后萌发，绿色，轮生分枝多，主枝中部以下有分枝。侧枝柔软纤细，扁平状，有 3 ～ 4 条狭而高的脊，脊的背部有横纹，鞘齿 3 ～ 5 个，披针形，绿色，边缘膜质（图 29-17）。

图 29-17　问荆

参 考 文 献

参 考 文 献

梁帝允, 强胜, 2014. 中国主要农作物杂草名录 [M]. 北京 : 中国农业科学技术出版社 .

郭英兰, 刘锡琎, 2003. 中国真菌志 (第二十卷) 菌绒孢属　钉孢属　色链隔孢属 [M]. 北京 : 科学出版社 .

中国农业科学院植物保护研究所, 中国植物保护学会, 2014. 中国农作物病虫害 [M]. 2 版 . 北京 : 中国农业出版社 .

SUN K, LU H, FAN F, et al., 2021. Occurrence of *Chenopodium quinoa* mitovirus 1 in *Chenopodium quinoa* in China [J]. Plant disease, 105(3): 715.

BRAUN U, 1995. Miscellaneous notes on phytopathogenic hyphomycetes (I) [J]. Mycotaxon, 55: 223241.

VIDEIRA S I R, GROENEWALD J Z, NAKASHIMA C, et al., 2017. Mycosphaerellaceae-chaos or clarity [J]. Studies in mycology, 87: 257-421.